軍事演說

U0034523

盤整古今中外知名戰役、部隊、訓練

主編 賀朝陽，張三

崧燁文化

目　錄

前言

　　當前國際體系深度調整，世界新軍事革命加速發展，軍隊戰鬥力始終是國家或戰略集團之間實力博弈的最後底牌。在人類歷史長河中，凡是丟掉這張「底牌」的軍隊，無一例外地成了亡國之軍、辱國之軍，淪為歷史笑談和警示典型。西羅馬亡於日爾曼人，宋王朝敗在國富而兵不強上；甲午之殤、南京大屠殺之殤，痛在兵多而力不強。新的歷史時期，中共領導人習近平號召全軍要「牢固樹立戰鬥力這個唯一的根本的標準」，強調「軍隊建設各項工作，如果離開戰鬥力標準，就失去其根本意義和根本價值」。「戰鬥力標準」是確保軍隊「能打仗、打勝仗」的重大戰略要求，對於加快推進國防和軍隊建設，確保國家安全與發展，實現中國夢、強軍夢，具有重大的現實意義和深遠的歷史意義。

　　如何才能提升軍隊戰鬥力、鍛造強軍利劍？要從實戰需要出發從難從嚴訓練部隊，著力提高軍事訓練實戰化水平。如今的戰爭模式正在發生著巨大變化，「開戰即決戰」「發現即摧毀」……從根本上改變著戰爭意志的表達方式。我們必須做好軍事鬥爭準備，視訓練場如戰場。

　　軍事訓練是軍隊和平時期最基本的實踐活動，也是一種重要的治軍方式和管理方式。軍事訓練領域的每一次變革，都必將對軍隊全面建設發揮巨大的推動作用，帶動思想觀念、作戰準備、技戰術革新等各方面的發展。走進如火如荼的訓練「試驗田」，一系列創新實踐像「倍增器」有力推動了戰鬥力的躍升。在漫長的人類軍事鬥爭史上，大量真實的戰例都在向我們證明一條「訓練出戰鬥力」的硬道理！

　　為了讓廣大軍事院校學生、軍訓學員以及軍事愛好者瞭解軍事訓練對提升軍隊戰鬥力的重要意義，我們編寫了這本書。全書共分為六章，分別從「訓練是奪取戰場制權高地的根本保證」「訓練是推動作戰理論創新的實踐源泉」「訓練是檢驗戰爭方案設計的試驗平台」「訓練是促進體制編制優化的長效動力」「訓練是牽引武器裝備發展的重要推進器」「訓練是鍛造戰鬥精神的重要課堂」等六大方面來進行探討。

　　本書的特點主要體現在以下三個方面。首先，本書系統總結了軍事訓練對提升戰鬥力的多方面、多層次的作用，視野開闊、論述較為全面。其次，本書主要採用案例編寫方式，引用古往今來人類軍事鬥爭史上大量案例，用事實說話，以史為鑒，凝結了無數智慧的結晶，也總結了前人的教訓。行文生動活潑，故事引人入勝，具有較強的可讀性和說服力。最後，參與編寫的人員均來自長期從事軍事訓練和軍事理論研究的專業教學團隊，具有較深厚的理論基礎和廣博的知識積累，對案例的點評不乏真知灼見。

　　當然，由於我們在編寫過程中受人員、資料、研究水平和時間等方面的限制，加之經驗不足，紕漏在所難免，衷心地懇請專家和廣大讀者批評指正！

編者

第一章　訓練是奪取戰場制權高地的根本保證

【導讀】

　　軍隊的戰鬥力不可能只通過實戰進行核對總和提高，還要依靠平時嚴格的軍事訓練來形成和加強。如果說軍人的任務有平時和戰時之分的話，那麼平時的任務就是訓練，戰時的任務就是作戰，平時訓練的目的就是為了戰時作戰。戰場上殘酷的事實告訴我們，只有像打仗一樣訓練，方可達到像訓練一樣打仗的境界。必須瞄準戰爭目標，從難、從嚴、從實戰需要出發訓練，不搞花架子、不玩假大空，嚴格訓練、嚴格要求。然而，歷史上不嚴格訓練的例子比比皆是。國防大學馬駿教授《晚清時期中國軍隊為什麼沒有戰鬥力》一文中關於清軍訓練的描述，可謂是道出了清軍不堪一擊的真正原因。

　　清朝時期，軍隊的演習叫「會操」，朝廷每年都要舉行會操，對軍隊的訓練進行定期考核與檢查，各部隊也要進行規模大小不等的會操，如果檢閱者對會操不滿意，軍官的晉升就成了問題。於是，各級軍官為了通過會操取悅檢閱者，想著法地讓會操變得好玩、好看、刺激。如此一來，演習便變成了「演戲」。鴉片戰爭前，清軍水師的船隻本來就落後，且長期積疾不修。等到要會操時，軍官們便臨時抱佛腳，讓畫工在船上塗飾顏色，遠遠望去，整齊劃一，非常好看。可是，這種艦船根本經不住海上的風浪，更難在海上與敵交鋒。所以，當時人們嘲諷清軍水師「有水師之名，無水師之實」！

　　殷鑒不遠，振聾發聵！

案例一　一江山島作戰的勝利

　　一江山島，位於浙東沿海，主要由南一江、北一江兩個島嶼組成，面積約為 1.7 平方公里。發生在 1955 年 1 月的一江山島戰役，是中共人民解放軍與中國國民黨軍在此進行的一場戰役。此次戰役規模雖然不大，但卻是人民解放軍第一次十分成功的海陸空三軍聯合渡海登陸作戰，其勝利與嚴密的戰前訓練及演練分不開。

　　一江山島戰役參戰的軍兵種有 17 個，考慮到陸地、海上、空中的戰場情況隨時都可能發生變化，作戰行動協調困難，組織指揮複雜，為了統一指揮各軍兵種的作戰行動，1954 年 8 月，中央軍委批准成立華東軍區浙東前線指揮部（簡稱浙東前指），任命張愛萍為司令員兼政治委員。出於對政治、外交全域的考慮，中央軍委要求參戰部隊充分準備，確有把握後再發起攻擊。為此，浙東前指組織參戰部隊在研究具體戰法、組織戰前訓練、統籌登陸器材、隱蔽作戰企圖等方面進一步細化、完善作戰方案，落實各項準備工作。張愛萍特別要求「仗怎麼打，兵就怎麼練」，並指導參戰部隊從思想到戰術，從單一動作到海陸空的協調統一，從難從嚴進行苦練精練，為登陸作戰取得勝利打下堅實基礎。

　　在登陸部隊缺乏聯合作戰經驗的情況下，戰前演練是十分重要的。張愛萍進行了周密細緻的安排，並帶領機關人員深入機場、碼頭、艦艇、海島等地探討解決登陸作戰的難題。1954 年 8 月底，浙東前指成立後不久，根據張愛萍的要求，擬制了三軍訓練計畫，下發參戰部隊執行分練任務。從 8 月至 12 月上旬，各參戰部隊組織實施了軍種分訓分練。在這一過程中，步兵、炮兵、工程兵等部（分）隊由第 60 師組織實施訓練。該師第 178 團、第 180 團與海軍溫台水警區和浙江軍區海防第 1 大隊的 56 艘艦船，先在椒江口內河組織演練，包括各分隊編隊、裝載航渡、對岸射擊等課目。因海門來往船隻太多不利保密，後轉移至溫州樂清灣清江渡附近，以營、連為單位進行登陸訓練，主要訓練步、炮兵之間的協同。此時，南方正值多雨和颱風多發季節，部隊演練時困難很大，如：因條件所限，搭乘登陸艇的分隊只是少數部隊，大部分要乘坐帆船，戰士們負重幾十斤摸爬滾打，登陸時要跳到齊腰深

的海水中衝擊。但各參戰部隊克服各種困難，經過一個月的勤學苦練，初步樹立了協同作戰思想，掌握了登陸作戰所必需的技能知識，增強了合同作戰意識。

1954 年 10 月中旬至 1955 年 1 月上半月為三軍合練階段。為演練和研究陸海空三軍聯合渡海登陸作戰的組織指揮和協同動作，張愛萍主持浙東前指兩級指揮機關，按三軍聯合渡海登陸作戰方案和協同計畫，對每個協同動作的步驟、時間做了精確計算，制訂了切實可行的作戰協同計畫表，要求各參戰部隊據此實施訓練。從 12 月 18 日起，參戰部隊在穿山半島舉行了 3 次模擬一江山島守軍防禦陣地的聯合登陸演習，主要進行連和加強營的登船、航渡、登陸突破與縱深戰術演練，並組織火炮、艦船、轟炸機三者聯合作戰的組織指揮和協同動作。這次實兵演習，按照預定計劃，假設大小貓山為一江山島之北一江、南一江，從步兵營集結、上船到編隊航渡都由海軍指揮，登陸突破後歸陸軍指揮。在登陸時，空軍強擊機群對敵之地堡、火力點等實施俯衝掃射，炮兵和艦炮火力同時實施火力支援配合。張愛萍在演練場發現乘坐機帆船的部隊距灘頭幾百公尺就跳下齊腰深的海水，在沙灘涉水前進時，沙子進入鞋內影響戰鬥動作，當即指示戰勤部門研究解決。通過這三次實兵合練，參演部隊從戰役指導思想到戰術技術，從總體協調到關鍵細節動作，都逐一進行了反復研究、計算、演練。這不僅提高了三軍協同作戰水平，也核對總和完善了前指擬訂的作戰方案和協同計畫，為後來登陸作戰的實施提供了科學依據。

1955 年 1 月 13 日，登陸指揮所組織戰前最後 1 次大規模演習。演習開始後，4 個登陸運輸大隊組成兩路縱隊向大、小貓山航渡，兩側由艦艇中隊進行警戒護航，在登陸運輸大隊之先頭兩翼實施火力支援、壓制和摧毀。2 艘護航艦進行抵近射擊，摧毀守軍地堡，轟炸機群、強擊機群對守軍火力點、防禦陣地實施轟炸、掃射。隨後，強擊機進行俯衝掃射，直接支援步兵衝擊。在各方協同配合下，登陸部隊上岸速度與規定時間只差 1 分鐘。登陸部隊登陸後奮勇衝擊，很快佔領守軍第一、第二道塹壕，以無後坐力炮、噴火器向守軍火力點實施攻擊，並迅即佔領大貓山制高點。演習結束後，張愛萍說：「今天看了你們聯合演習，跟在突擊連後面認真觀察，登陸艇大隊和

營指揮員組織得好，符合實戰要求。通過合練，達到了解除顧慮、互相信任的目的，為三軍聯合登陸作戰奠定了勝利的基礎。」

與此同時，張愛萍組織指揮參戰的海空軍部隊，通過襲擊、海上封鎖、空中突擊等一系列作戰行動，奪取了作戰海區的制空權、制海權。在張愛萍精心組織指揮下，參戰部隊群策群力，戰前各項準備工作進展順利，真正做到了有備而戰。

1955 年 1 月 18 日，一江山島戰役正式打響。在華東軍區參謀長張愛萍的統一指揮下，華東軍區出動艦艇 188 艘，航空兵 22 個大隊共 184 架作戰飛機，並以地面炮兵 4 個營又 12 個連、高射炮兵 6 個營擔負火力支援和對空掩護，陸軍則以第 20 軍第 60 師第 178 團及第 180 團第 2 營的兵力，乘登陸艇在一江山島強行登陸。至 1 月 20 日下午 5 時 30 分，經過三天戰鬥，人民解放軍共擊斃國民黨軍 519 人，俘虜 567 人，至此一江山島戰役結束。由於華東軍區戰前已經取得了戰區制空權與制海權，國民黨軍的海空軍當天未敢出動。在登陸前的火力準備過程中，華東軍區海陸空軍的火力有效地進行了協調銜接，在航渡期間更是有效地壓制了大陳島國民黨軍隊的火力，從而保證了登陸部隊的順利上島。

戰役的結果表明，人民解放軍實行現代化戰爭的作戰能力大為提高，更為重要的是，人民解放軍因此取得了諸軍兵種聯合渡海登陸作戰的寶貴經驗。

【案例評析】

「雄師易統，戎機難覓；陸海空直搗金湯，銳難當。」這是張愛萍將軍指揮一江山島戰役取得勝利之後寫下的詩句，氣勢雄渾，慷慨激昂。一江山島戰役是人民解放軍首次陸海空聯合作戰，在中共軍歷史上佔有非常重要的地位，為諸軍兵種聯合渡海登陸作戰積累了寶貴經驗。張愛萍將軍通過從難從嚴的戰前陸海空聯合登陸作戰訓練，在一江山島戰役中迅速奪取了預定戰區的制空權、制海權，為戰爭的勝利奠定了堅實的基礎。

案例二　惡劣天候練精兵

　　朔風怒吼，大雪飛舞，一股鐵流在崇山峻嶺之間蜿蜒穿梭。這是某機械化師在嚴寒條件下利用惡劣天氣組織坦克（裝甲）部（分）隊進行冬季帶戰術背景的連行軍訓練。

　　幾天前，該師所屬坦克（裝甲）部（分）隊就接到了副師長帶領機關組織坦克（裝甲）部隊進行連行軍訓練的通知，官兵們群情振奮，鬥志昂揚，迅速做好各項準備工作，隨時待命出發。可已經過了三天，還遲遲沒有收到開進的命令。「不知機關咋搞的，是不是下錯指示了，還是因其他原因取消了這次訓練。」「不會吧，誰有膽量敢開這麼大的玩笑！況且是副師長親自組織。」一些分隊幹部等得有些不耐煩了，禁不住私下議論。

　　誰能想到程副師長正在導演一齣「巧借天候，加強適應性訓練」的好戲。為搞好這次訓練，副師長一段時間以來天天注意電視、廣播中的氣象預報，時時關注天氣變化情況，並責成機關人員與當地氣象部門取得聯繫，及時瞭解掌握當地的氣象變化情況。儘管他已經獲悉所屬坦克（裝甲）部（分）隊都早已做好充分準備，但由於近來天氣狀況一直良好，所以始終沒有下達出發命令。他在等待所需要的「理想」天候。

　　這天終於等來了。刺骨的北風夾裹著棉團似的雪花鋪天蓋地，氣溫驟降至零下 28℃。很多同志都以為這次訓練肯定是泡湯了。一些同志埋怨：前幾天那麼好的天氣，磨磨蹭蹭不搞，錯過了大好機會。這大雪紛飛的壞天氣還能搞？除非有毛病！

　　副師長望著漫天飛舞的大雪，自言自語道：「是時候了。」於是，立即指示機關迅速向全師所屬坦克（裝甲）部（分）隊下達「按預定方案開進」的命令。霎時間，鐵流滾滾，震天動地，副師長導演的「好戲」開演了。

　　很多人對此感到納悶：組織坦克（裝甲）部（分）隊的駕駛技能訓練利用平時好天氣搞就行了，非得選這麼惡劣的天氣幹啥？萬一弄出點事故，豈不是自找麻煩！何苦呢？明擺著的道理，難道副師長會不明白？答案當然是否定的，但他更懂得什麼是嚴格要求，什麼是嚴格訓練，仗怎麼打、兵就怎麼練的深刻內涵。

面對疑問，親臨一線組織指導這次訓練的副師長沒有正面回答，只是給大家講了這樣一個戰例：1941 年，蘇德戰爭爆發。冬季到來後，德國法西斯軍隊除遭到蘇聯紅軍的堅決抵抗外，還遭受到冰雪嚴寒等惡劣天候的威脅，陷於十分被動困難的境地，以致最終落得「在大雪覆蓋的平原上，德軍的屍體比比皆是」的悲慘下場。一個非常重要的原因，就是德軍戰前對嚴寒條件下的適應性訓練重視不夠，使得他們的「坦克經常在冰雪路上打滑，或從斜坡上翻下去；火炮被凍住無法開動，或常常打不開炮門」，因而無法適應在嚴寒條件下的作戰。相比之下，蘇軍的處境要好得多。因為他們在戰前很長一段時間內，就普遍進行了嚴寒條件下的適應性訓練，所以士兵具有較強的耐寒能力和作戰適應能力。特別是經過嚴格訓練的雪車炮兵部隊、暗輪雪車部隊和摩托化雪車步兵，均能適應在冬季惡劣天候條件下的作戰。這就使得蘇軍可以比較順利地襲擊敵人的指揮機關和其他重要目標，截斷敵人的退路和交通線，最終奪取戰爭的勝利。

坦克「閃電戰」理論的創造者德國名將古德里安在總結冬季作戰經驗時著重強調：「冬季作戰比任何其他季節作戰都更需要周密而長時間的準備。」因為，冬季的天候氣象比較複雜，無論什麼樣的惡劣天氣都可能遇到。這個戰例使大家明白了副師長的良苦用心，都自覺地投入訓練中去。

經過這次惡劣天候條件下的適應性訓練之後，全師坦克 (裝甲) 部 (分) 隊的駕駛水平有了很大提高。官兵們深有感觸地說：「初次在這種冰天雪地的嚴寒條件下進行駕駛訓練，加之山路崎嶇，有時又是在夜間駕駛，真是有點害怕。一旦有了這樣的訓練經歷，以後不管遇到多麼複雜的惡劣天候我們都不怕了！假如沒有搞過這樣的訓練，一旦遇到類似的天氣，恐怕我們就真的無所適從了。」

【案例評析】

「練為比、演為看」，還是「練為戰、演為戰」？這是端正訓風演風的分水嶺。該師副師長打破常規，巧借天候嚴格組訓，不是避開惡劣氣候保安全，而是刻意等待不良天候組織練兵，這是貼近實戰環境，加強適應性訓練，提高廣大官兵的適應能力，提高部隊戰鬥力的有效途徑。

案例三　神槍手四連

　　這是中共解放軍陸軍中一支有著傳奇色彩的連隊。朝鮮戰場上，該連隊官兵創造了「單兵捉飛機」的經典戰例；大比武賽場上，他們技壓全軍，曾被國防部授予榮譽稱號。她就是瀋陽軍區某集團軍裝甲步兵四連，但人們更熟悉她的另一個名字──神槍手四連。

　　無論中外，從古至今，槍響靶落、百步穿楊是每個軍人追求的境界；「神槍手」的稱號，則是對軍人的最佳褒獎之一。「神槍手四連」響噹噹的名字，源自那場已經記入軍史的大比武。

　　1960 年代，中國軍隊展開了如火如荼的大比武運動，一大批武藝精湛、勇猛頑強的尖子部隊脫穎而出。「神槍手四連」就是這樣一支在比武場上打出來的過硬部隊，1964 年國防部授予榮譽稱號的部隊中，她赫然在列。

　　1964 年 6 月，瀋陽軍區比武場，優秀的部隊在這裡展開激烈的競賽。在參加比武的數百個單位中，四連的隊伍有些與眾不同，比其他連隊多出一排人。仔細一問才知，這些人是四連的炊事員、通信員、衛生員等勤雜人員。按照考核標準，這些人員本可以不參加考核。四連連長、全軍著名神槍手賈洪恩要求，全連所有人都要成為神槍手。

　　射擊比賽打響，四連一路領先，頗有舍我其誰的霸氣。瀋陽軍區司令員陳錫聯上將聽說有個連隊人人都是神槍手，非常感興趣，特意來到四連的賽場觀看。當時，四連的特等射手蒲純惠正在進行步槍速射。陳錫聯將軍發給蒲純惠 50 發子彈，要求他向 150 公尺外的胸靶射擊，靶子每 5 秒鐘出現一次，如果哪一槍打不中便告結束。蒲純惠舉槍便打，槍槍命中。取過靶子一看，50 發子彈密密麻麻地打在一塊，陳錫聯上將手一摃，所有彈孔都被一隻巴掌蓋住。戎馬一生的陳錫聯上將抑制不住興奮，連聲喊道：「打得好！打得好！這樣的槍法戰場上封碉堡眼沒問題！」

　　大比武賽場上的榮譽，是四連官兵用血汗鑄就的，四連官兵練射擊已經到了癡迷的程度。在四連的駐地，大樹上、電線杆頭、牆角裡，到處都擺著小靶子，戰士們平常槍不離手，只要一有工夫，就操槍練習瞄準，甚至炊事員在做飯的間歇，也要忙不迭地跑出伙房瞄上幾槍。每天睡覺前，全連戰士

都要趴在床上手托磚頭，鍛煉據槍瞄準的穩定性，一托就是半個鐘頭，年復一年，雷打不動。為了練習對運動目標的射擊，戰士們將小辣椒用線綁起來吊在房梁上作為活動靶。由於當時的訓練器材有限，練習夜間射擊時，戰士們就用小燈泡甚至煙頭作為目標。四連的戰士只要湊到一起，聊的話題一準是射擊。

真金不怕火來煉。2000 年，檢驗各部隊的科技大練兵比武活動激烈展開，其中有一項內容是裝甲步兵連進攻，解放軍陸軍中牌子最硬的部隊和「神槍手四連」將在軍委首長面前同場競技。由於演習場設置在該部駐地附近的訓練場，四連在對場地的地形、氣候熟悉方面先失一招。

彙報演習期間，正值北方的多風季節。同樣是大風，對四連和該部的意義卻截然不同。該部裝備的是國產新型步兵戰車，步兵戰車裝備一門 73 公釐主炮，炮彈初速快，在 300 公尺的距離上，大風的影響微乎其微。而四連就不同了，四連裝備的是國產新型裝甲人員輸送車，對 300 公尺距離的裝甲目標射擊主要靠火箭筒。火箭筒與戰車主炮不同，初速低，且火箭彈帶尾翼，側風影響極大。該部直言不諱：「我們做過試驗，在這個風口，用火箭筒別說打 300 公尺目標，100 公尺距離的目標連靶都沾不上！」

天公仿佛真的要難為一下參演部隊，彙報演習當天，陣風達到了八級。關於那天的大風，參加者記得這樣一個細節：強行跳傘的空降兵落地後，人被大風吹著跑，根本站不住腳。

輪到裝甲步兵衝擊了。四連和該部的裝甲車輛向各自的目標地域發起衝擊。800 公尺，600 公尺，400 公尺，300 公尺！該部的步兵戰車開火了，炮口噴出了烈焰，靶子一個個被擊中。而此時，「神槍手四連」卻遇到了超乎想像的困難。由於風速過大，射手在修正風偏時，修正距離遠遠超過了尺規的範圍。

可以想像當時四連的射手面對的是怎樣的考驗！軍委領導的目光就盯在自己身上，「敵人」就在面前，但「敵情」卻超出了手中武器的適用範圍。這種考驗不亞於真實的戰場。沒有時間猶豫！「神槍手四連」的火箭筒射手憑藉著千百次練習鍛造出的過硬技術，靠感覺修正風偏，完成瞄準，果斷擊發……

　　火箭彈呼嘯出筒，但火箭彈的射出方向與靶子方向卻相距甚遠。是射手失誤了嗎？這樣的情況下，發射失誤的確在所難免。觀禮臺上的眼睛都盯著這枚被風漸漸刮離原始方向的火箭彈。幾秒鐘後，這枚被大風刮得呈一條弧線飛行的火箭彈準確地擊中了目標。緊接著，四連的火箭筒紛紛開火，300公尺開外的靶子依次倒下，主席臺上響起了一片掌聲。

【案例評析】

　　冰凍三尺，非一日之寒。關鍵時刻的「能打勝仗」來自平時紮實的訓練。四連在訓練中，炊事員、通信員、衛生員等勤務人員一個不漏地進行，正是憑著這種平時全面、嚴格、紮實的訓練，鑄就了過硬的軍事素質，才會在遇到情況異常複雜的關鍵時刻靠感覺修正風偏，準確擊中靶子。事實證明要想戰時少流血，必須平時多流汗。只有在和平時期紮紮實實地嚴格訓練，才能練就過硬的本領。

案例四　這裡的戰場靜悄悄

　　訓練場與戰場永遠只有一步之遙。和平時期的訓練場雖然緊迫感相對弱些，但訓練場與戰場卻有著同一個屬性，那就是激烈的較量。戰場上的較量是流血的，是一種生死較量。而訓練場上的較量是「寂靜」的，雖然不是流血的生死搏擊，但關係到未來戰爭的勝負，關係到未來戰場的主動和被動地位，甚至關係到國家的生存、民族的興亡。「寂靜戰場」應該說同樣是「戰場」，較量同樣是「戰鬥」。

　　波斯灣戰爭中，美軍不遠萬里，勞師遠襲，同本鄉本土的具有八年「兩伊」戰爭經驗的伊拉克作戰，以 70 餘萬的部隊對伊拉克的 110 萬大軍。在戰爭準備時間非常短暫的情況下，以美軍為首的多國部隊卻以輝煌的戰績取得完勝。從戰爭的結果看，有幾個罕見的戰爭較量記錄值得我們深思。

　　一是作戰雙方傷亡的比率懸殊。美軍參戰 50 餘萬人，但死亡只有 200 餘人，戰損率只有 0.04%；而伊軍參戰 110 萬部隊，傷亡 15 萬，被俘 17 萬餘人，戰損率約 30%，雙方戰損率相差近千倍，這在戰爭史上是極其罕見的。

　　二是美軍驚人的快速反應能力。美軍在近 5 個月的時間內，經空運至波斯灣戰場的地面部隊就達 38.54 萬人，佔美軍投入波斯灣地面作戰的總兵力的 90% 以上。同時，還空運裝備和物資 32.2 萬噸，日均空運 68.4 架次，總計空運飛行 1.1 萬餘架次。其反應之快，強度之高，在世界戰爭史上也是罕見的。

　　三是大規模的夜戰。以美軍為主的多國部隊在 38 天的戰略空襲中，有 37 天在夜間作戰，夜間空襲成為波斯灣戰爭的主要模式，而且其戰損率極小，其大規模的夜間空中作戰也刷新了戰爭記錄。

　　四是美軍的低空和超低空作戰能力。波斯灣戰爭中，多國部隊有固定翼作戰飛機 2260 餘架，42 天作戰中，飛行 11.2 萬架次，平均每天 3000 架次。特別是美空軍在戰術打擊階段大多實施了低空和超低空打擊。如 F-16 戰鬥機基本是在對任何地形自動保持 60 公尺或更低的高度進行攻擊，而 F/A-18D 大黃蜂戰鬥機則經常以低達 30 公尺的高度飛向目標，A-6、A-10 等攻擊機的低空攻擊能力更強，多採用 30 公尺低空、時速 960 公里的高速進行攻擊，

海軍陸戰隊的 AV-8B 實施夜襲時，也多採用在 60 公尺低空下進行高速攻擊行動。武裝直升機還可離地面 1.22 公尺貼地面攻擊。這些低空和超低空攻擊作戰行動，在空軍作戰史上也是罕見的。

美軍在波斯灣戰爭中的勝利，固然有其他因素，但其高強度的訓練水平，是其取得勝利的一個重要原因。美軍曾提出一個這樣的口號「像訓練一樣打仗」，其核心思想是強調訓練的艱苦性，只有訓練強度與水平超過實戰，在戰場上作戰才會遊刃有餘。它比「像打仗一樣進行訓練」具有更深層次的含義。它要求訓練比實戰應具有更高的強度，更廣闊的訓練內容，更逼真的戰場環境。據有關資料介紹，美軍每年在平時訓練的傷亡人數遠遠超過波斯灣戰爭的死亡人數，可見其訓練強度之大。

從反應能力訓練上，波斯灣戰爭中，美空軍戰鬥機中隊日出動約 40 架次，每架飛機出動強度多達日出動 4 次，而每次戰鬥飛行的準備時間僅有 30~45 分鐘，B-52 戰略轟炸機再次出動準備時間也不到 1 小時。再看美軍的夜間訓練，其夜航訓練時間佔有很高的比重，如 F-117A 隱形戰鬥轟炸機夜航訓練每架飛機飛行架次佔戰術訓練總架次的 65%，A-10 攻擊機高達 80%。還有美軍強大的低空和超低空的作戰能力，這與他們平時都受過嚴格的低空突防和低空攻擊訓練有關。在波斯灣戰爭中，英國、義大利、德國聯合研製的「狂風」戰鬥機損失了 7 架，是損失最慘重的，就其性能講，它不如美軍的 F-15 與 F-16 戰鬥機，但同為第三代戰鬥機，美軍的 F-15 與 F-16 戰鬥機 1 架都沒損失，「狂風」戰鬥機的慘重損失與飛行員缺乏低空和超低空訓練有密切關係。而美軍對各種類型作戰飛機飛行員每年的低空飛行訓練時間都有明確的規定。如 F-16、F-4G 和 F-111 飛機飛行員每年低空飛行 50 小時，A-10 攻擊機飛行員多達 125 小時。

美空軍訓練大綱將低空、超低空訓練分為 A、B、C 三個階段，A 階段側重訓練飛行員在目視飛行條件下的低空領航、編隊飛行能力；B 階段主要進行低空突防和低空射擊、轟炸訓練，初步掌握低空近距支援的戰術；C 階段則在戰術靶場，對模擬蘇制薩姆導彈和雷達模型進行近似實戰的演習。

訓練場與戰場確實只有「一牆之隔」，在訓練場上能夠進行高水平訓練，提高了作戰能力與素質，那麼在戰場上就有了主動權，美軍在波斯灣戰

場上的突出表現，再次深刻證明瞭這個道理。然而，訓練場上的高水平訓練，並非簡單地提高訓練強度和加大訓練難度就能達到目的，而是必須要有「明師」指導，只有「明師」才能帶出高徒。這是一條基本的訓練經驗和規律。美空軍飛行員在波斯灣戰場上的上乘表現，就主要原因來講，應該還是有一大批高水平的「明師」。從美軍的訓練機制講，美軍部隊的各級軍事指揮官都不負責訓練，訓練主要由士官來組織。這些「士官」雖然不是「官」，但卻是素質非常過硬，非常有訓練經驗，訓練場上非常有權威的高水平訓練人才。這些「士官」基本是終身從事訓練教學的職業軍人，最高服役年限和任職可以與將軍相同，專業技術水平及理論造詣、實施能力都是一流的水平。在他們的嚴格要求和訓練下，美軍部隊訓練的高水平也就不難理解了。而美軍的院校訓練與教學，更是在高水平教官的指導下進行的。美軍的各級指揮與作戰人員，接受院校訓練的機會特別多，晉升每一級職務基本都要到院校接受系統訓練，而且比較優秀的部隊指揮官都有院校工作的經歷，有非常豐富的訓練經驗。

【案例評析】

　　每場勝利的背後都閃著汗水的光芒。美軍從波斯灣戰爭到伊拉克戰爭中出色的表現，固然有優勢明顯的武器裝備和其他方面的因素，但平時訓練水平在殊死搏鬥的戰場上立見高下。正是因為美軍平時「像打仗一樣訓練」，甚至比打仗要求更苛刻、更嚴格，最後才在波斯灣的戰場上做到「像訓練一樣打仗」。

案例五　伊拉克戰爭中的美軍臨戰訓練

2003 年 3 月 20 日上午 10 時 35 分 (伊拉克當地時間 20 日淩晨 5 時 35 分)，隨著美英聯軍的「戰斧」式巡航導彈和 F-117 隱形轟炸機開始對伊拉克巴格達實施首次攻擊，伊拉克戰爭拉開了序幕。

根據美英聯軍進程，伊拉克戰爭初期大致可分為四個階段。

第一階段：火力空襲與快速突進 (3 月 20 日－3 月 25 日)。

本階段主要作戰行動包括聯軍海空力量的「斬首」作戰、「震懾」作戰、支援地面部隊作戰、地面部隊快速突進和特種部隊作戰等。其中，「斬首」行動主要針對薩達姆及其親信。隨後的「震懾」作戰除進一步打擊伊高層領導人的可能藏身地外，還襲擊了指揮中心、情報中心、通信、電力、政府辦公等設施和新聞機構在內的重要目標。與此同時地面作戰分東西兩線進行，西線為主攻方向，以美陸軍第 3 機步師為主力沿幼發拉底河直向巴格達突進，企圖從西南方向突破巴格達地區伊軍的防禦；東線為助攻方向，以英軍一個裝甲旅和美海軍陸戰隊一部向烏姆蓋斯爾和巴斯拉方向進行策應性進攻。美英聯軍特種部隊也潛入巴格達附近地區進行偵察與反擊作戰。

第二階段：戰場控制與消耗作戰階段 (3 月 26 日－4 月 5 日)。

本階段主要行動包括進一步的「震懾」作戰，巴格達週邊要地和巴斯拉及其附近要地的爭奪戰，以及開闢北方戰線和調整部署等。

其中，本階段的「震懾」作戰加大了對巴格達空襲強度，並擴大了對戰區重要目標的打擊範圍，有選擇地攻擊伊拉克居民區。西線主攻部隊於 4 月 5 日抵達巴格達週邊，東線部隊開始圍攻巴斯拉；特種部隊在伊北部地方出現，並組織庫德族武裝展開保障北方戰線的行動。同時為解決戰線拉長後的兵力不足問題，抽調美第 4 機步師開赴戰區。

第三階段：主要城市進攻與戰局轉折 (4 月 6 日－4 月 9 日)。

本階段主要作戰行動包括以巴格達和巴斯拉為中心的城市進攻作戰，以支援地面作戰的海空火力戰和北方戰線的配合作戰等。以美第 3 機步師為主的聯軍部隊於 4 月 7 日、8 日從西、南兩個方向進入巴格達，海軍陸戰隊第

1 遠征部隊從東、東北兩個方向進入巴格達，至 9 日聯軍基本控制了巴格達市區內的主要目標。以英第 3 突擊旅為主的部隊從東南、西南、西北三個方向對巴斯拉發起進攻，於 4 月 7 日基本清除伊軍主要抵抗力量，8 日起轉入鞏固佔領的零星作戰。同時，美特種部隊組織下的庫德族武裝也攻佔了伊北方重鎮摩蘇爾附近的戰略要點馬克布林山，並逐步縮小對石油重鎮基爾庫克的包圍圈。新投入的第 4 機步師也開始向巴格達以北地區運動，並於 4 月 6 日抵達納西里耶和薩瑪沃之間。

第四階段：擴展戰果與搜剿、穩定 (4 月 10 日－4 月 15 日)。

本階段主要作戰行動包括攻佔提克里特作戰，北方戰線對摩蘇爾和基爾庫克的作戰，以巴格達為主的清剿與搜捕等。聯軍自 4 月 13 日夜開始空襲提克里特，繼而美海軍陸戰隊一部突入該城。同時，美軍以巴格達為主，展開了大規模的清剿與搜捕行動，並於 13 日接管巴格達警察局。至 15 日，繼先前駐摩蘇爾的伊軍第 5 軍投降放棄抵抗後，管轄伊敘邊界安巴爾地區的伊軍指揮官也向聯軍投降，聯軍從而宣稱，對伊戰爭大規模軍事作戰行動暫告結束，但仍繼續通緝與搜捕伊軍政高級領導人，並繼續清剿殘存的伊拉克敢死隊及零星抵抗的武裝人員，同時轉入戰後穩定秩序與部署重新調整時期。

歷時 20 多天的戰鬥，聯軍共出動作戰飛機 3 萬餘架次，發射各類精確制導彈藥 27200 餘枚，其中精確制導炸彈 18200 餘枚，巡航導彈 750 餘枚。主要作戰期間，美英聯軍傷亡近 700 人，其中美軍亡 134 人，英軍亡 31 人，受傷及失蹤 500 餘人。伊軍傷亡達 3 萬多人，其中亡 15000 餘人，傷 2 萬人左右，另有 9000 人被俘。

在伊拉克戰爭初期，美軍之所以能夠以較小的代價迅速贏得主要軍事行動的勝利，除了其戰略指導正確、武器裝備先進、戰術運用得當等因素外，臨戰訓練水平高也是一個重要原因。

首先，重視「以演備戰」。在伊拉克戰爭臨戰訓練中，美軍十分強調「以演備戰」「以演代訓」，嚴格按照作戰方案和實戰要求頻繁舉行沙漠作戰、城市巷戰、兩棲登陸戰、導彈防禦戰以及反生化戰等各種類型的軍事演習。為了方便美軍組織實施實兵實彈演習，科威特甚至還專門在其西部地區劃出

了「美軍專用演習區」，面積大約佔科威特整個國土的四分之一。據不完全統計，在伊拉克戰爭爆發前的 6 個月時間裡，美軍以伊拉克戰爭為背景單獨或與其他國家軍隊聯合舉行的較大規模的軍事演習達 20 多次，平均每個月至少舉行 3 次。

其次，突出針對性訓練。主要體現在三個方面：一是針對波斯灣地區的特殊戰場環境，強化沙漠作戰訓練。在戰爭爆發前，為了適應伊拉克特殊的沙漠地區環境特點，第 3 機步師、第 4 機步師、第 82 空降師、第 101 空中突擊師以及第 3 裝甲騎兵團等美軍參戰部隊，先後到沙漠地作戰訓練中心和歐文堡國家訓練中心進行高強度、高難度的沙漠作戰訓練。二是針對可能出現的城市巷戰，強化城市作戰訓練。美軍在科威特和土耳其建成了多處城市作戰訓練場。其中，第 3 機步師在科威特的一處巷戰訓練場，由幾十幢與巴格達市區的建築風格十分相近的高大房屋組成，面積相當於 3 個城市街區大小。三是針對可能遭受的生化攻擊，強化反生化戰訓練。為了防患於未然，美軍採取了接種炭疽疫苗、強化反生化戰訓練等各種防伊拉克生化攻擊的有效措施。第 3 機步師被派往伊拉克戰場前，在佐治亞州斯圖爾特堡有針對性地進行了反生化戰訓練，演練了在遭受神經毒氣和芥子氣等化學戰劑襲擊時，如何正確穿戴防毒面具和防護服裝，如何利用 M-22 自動化學探測器和小型便攜偵測裝備快速偵測化學戰劑，以及如何快速通過化學污染區和消除化學污染等內容。

第三，強化對抗性演練。美軍在前往波斯灣地區備戰前，許多參戰部隊都專門安排與假想的「伊拉克軍隊」進行激烈的實兵對抗演練。如美陸軍第 3 機步師、第 4 機步師和第 3 裝甲騎兵團等在歐文堡國家訓練中心備戰駐訓期間，分別與該訓練中心的假想敵部隊——第 177 裝甲旅，進行了為期兩個星期的實兵對抗演練。美空軍則在內利斯戰術空軍作戰訓練中心，利用假想敵部隊——「侵略者」中隊，將 F-16C 飛機模擬成伊拉克空軍的米格 -21、米格 -23 和米格 -29 飛機，與準備赴伊作戰的飛行員進行了 10 餘個對抗課題的演練，連續實施時間長達 6 周。美海軍陸戰隊赴伊作戰的 2 個遠征旅，則在位於美國西海岸的喬治空軍基地進行了與伊軍「麥迪那」師實施城市巷戰的對抗演習。

　　第四，注重模擬化訓練。在對伊拉克開戰的半年前，美陸軍就依靠國防部國家測繪局提供的數位地圖，運用先進的虛擬實境技術構建了可以讓指揮員、參謀人員和戰鬥人員具有立體感覺、宛如身臨其境的「伊拉克戰場」，對參戰部隊進行模擬化訓練。訓練中，士兵可以在電腦虛擬的沙漠地和巷戰環境中進行判定進攻方向、威脅強度並實施戰鬥行動等內容的演練，使受訓士兵體驗沙漠作戰和城市巷戰的氛圍，在「虛擬實境」中學習沙漠作戰和城市巷戰的技能。美空軍花巨資研製開發了空戰類比訓練系統。該系統可以清晰地生成伊拉克地面戰場的全面實景圖像，使受訓飛行員在模擬訓練中準確辨別巴格達城區內的大小街道以及建築物、車輛等，幫助他們進行城市複雜地形條件下對指定目標實施防區外精確轟炸等課目的訓練。同時，這種類比系統還可以類比空中對抗情況，有效提高參戰飛行員處理各種突發情況的應急反應能力。美軍在模擬訓練中還十分注重利用「作戰實驗室」，對伊拉克戰爭的作戰環境、作戰行動和作戰過程進行全面模擬描述，反復模擬推演對伊作戰的各種預案和計畫，力圖找出對伊實施軍事打擊的最佳方案。

　　第五，加強指揮所演習。為進一步提高各級指揮人員的指揮控制能力，充分做好打擊伊拉克的準備，美軍不僅在本土加大了以伊拉克戰爭為背景，以「國防衛星通信系統」等軍用通信衛星系統為依托，運用 C4ISR 系統實施遠端指揮控制的演練力度，而且還在波斯灣地區頻繁地與英國、以色列、土耳其等國軍隊聯合舉行指揮所演習。其中最為引人矚目的，就是美軍中央司令部與英軍在卡達舉行的「內窺」指揮所演習。演習中，美英兩軍實地測試了模組化的「中央司令部戰地機動指揮所」的性能，全面檢驗了兩軍指揮人員對海陸空部隊的聯合指揮能力。

【案例評析】

　　正是美軍著眼一切可能的情況，著眼最複雜最困難的情況，從難從嚴組織針對性臨戰訓練，使得伊拉克戰爭前期的進攻勢如破竹，這種訓練做法很值得我們學習借鑒。

案例六 「飛虎隊」是這樣煉成的

　　美國志願航空隊——赫赫有名的「飛虎隊」在世界反法西斯戰爭的中國戰場上空曾擊落 200 餘架日軍戰機，自己僅損失 10 餘架飛機，令不可一世的日本空軍付出慘重代價，有效地保證了「駝峰航線」的暢通，使援華物資能夠源源不斷地運入中國戰場。

　　飛虎隊的隊員多數是退役的原美國陸軍航空隊轟炸機、運輸機飛行員，只有少數是退役的戰鬥機飛行員。這些臨時招募的退役飛行員志願者，之所以會取得驕人的戰績，主要歸功於嚴格科學的戰前訓練。

　　為了便於對招募來的空地勤人員進行訓練，飛虎隊負責人陳納德認為，讓沒有訓練好的飛行員匆忙上陣，同訓練有素的日本飛行員作戰，等於讓他們去白白送死，所以對志願隊隊員飛行訓練的要求非常嚴格。

　　陳納德需要一個日本飛機無法到達、比較安全、有水泥跑道的機場。幾經周折，英國同意將修建在距離緬甸首都仰光 274 公里，位於同古鎮一片叢林中的凱德機場租給陳納德使用。1941 年 7 月，由 100 名左右飛行員、50 名機械人員和後勤人員組成的第一批美國志願人員到達緬甸同古鎮凱德機場，開始緊張的戰前訓練。不久，第二批美國志願人員也到達凱德機場加入訓練。

　　飛行人員的訓練分為兩個階段。第一階段是飛行基礎訓練：

　　飛行理論課程 72 小時，基本飛行駕駛術 (起落航線、空域飛行、編隊飛行、轉場飛行) 訓練 60 小時；第二階段是戰術訓練：戰術理論課程 12 小時，戰鬥科目 (空中射擊、空中投彈、單機格鬥、雙機攻擊、三機攻擊、8 至 16 機的編隊飛行、緊急迫降) 訓練 20 小時。在隊員們基本掌握 P-40 戰鬥機飛行駕駛技術後，就開始進行空戰戰術訓練，主要訓練的是陳納德多年探索、研究的雙機和三機編隊協同作戰方法。

　　為了提高訓練水平，陳納德親自為志願隊隊員講授空戰戰術課。他說，日本飛行員訓練有素，作戰很勇敢，但缺乏靈活性和主動性，總是按照預定的戰術計畫投入戰鬥，而不管空戰中發生什麼變化，轟炸機編隊在被全部擊

落前，會一直保持隊形；戰鬥機會連續使用相同的戰術，不管是否有效。日本空軍嚴厲的空中紀律，造成的固定戰術模式，利用日本飛行員戰術上的弱點是可以戰勝他們的。陳納德要求志願隊隊員在空戰中要千方百計打亂敵人隊形，一旦日本飛行員被迫背離了他們的戰術，就會陷入困境。他強調必須以己之長，擊敵之短。日軍「零」式戰鬥機的長處是爬升快、盤旋靈活，如果在盤旋中與敵纏鬥，日本飛機就會佔優勢；P-40 戰鬥機的長處是，它的速度比「零」式戰鬥機快，機體堅固，裝有防護裝甲和防彈玻璃。陳納德為志願隊規定，要充分利用 P-40 戰鬥機速度快的優點，從高空俯衝攻擊並儘快脫離，採取打遊擊的辦法，打了就跑，然後再爬高再次攻擊，避免與敵人單機格鬥。他還不斷告誡志願隊隊員們，在空戰中絕對不要單獨去進攻，因為兩機一組的 P-40 可以勝過 6 架日機。陳納德根據自己多年來對日本空軍空戰戰術和飛機裝備研究創造的空戰戰術，在別人看來是一種非正規戰術，然而採用這種空中遊擊戰術在以後的空戰中卻屢屢獲勝。

經過嚴格緊張的將近半年的臨戰訓練，於 1941 年 12 月 7 日，由陳納德率第 1 中隊和第 2 中隊到昆明，準備與日機作戰。20 日，防空台偵測到一批日機向雲南飛來，陳納德率飛虎隊員駕機升空迎擊。入侵日機 10 架，被擊落 6 架、擊傷 3 架，而志願隊無一架損失。志願隊初戰告捷。當天，昆明各報相繼報導戰鬥經過，稱美國志願隊的飛機是「飛虎」。從此「飛虎隊」聲名遠播。

【案例評析】

飛虎隊克服訓練場地差、航空油料缺、教練人才少、地勤保障弱等不利條件的限制，在短短的半年左右時間裡就迅速形成空戰能力，首戰就取得零傷亡，擊落 6 架、擊傷 3 架日機的戰績，並在後續空戰過程中屢創佳績，令訓練有素的日軍飛行員大吃苦頭。這充分說明，只有嚴格科學的高強度訓練，才能有效地提高部隊戰鬥力，才能迅速搶佔戰場制高點，贏得戰爭的勝利。

案例七　「鹿兒島」備戰

　　1941 年 11 月 25 日，一支由 6 艘航空母艦、2 艘戰艦、3 艘巡洋艦和 9 艘驅逐艦組成的編隊，從千島群島起航東進，經過冬季多風，往來船隻較少的北航線，採取無線電靜默等隱蔽手段，向美國太平洋艦隊的主要基地珍珠港逼近，去執行日本聯合艦隊司令山本五十六制訂的奇襲計畫。

　　12 月 7 日淩晨，從航空母艦上起飛的第一攻擊波 183 架飛機，穿雲破霧，撲向珍珠港。7 時 53 分，發回「虎、虎、虎」的信號，奇襲成功。此後，第二攻擊波的 168 架飛機再次發動攻擊。在這場反復的狂轟濫炸中，日本的俯衝轟炸機、攻擊機和戰鬥機技戰術嫺熟、攻擊秩序井然、隊員從容作戰，給人一種近似平時訓練所表現的按部就班的感覺。事實上，在這場偷襲背後，真的有一段鮮為人知的訓練。

　　1941 年 1 月，山本五十六秘密召見了他的心腹戰將大西瀧治郎（時任第 11 航空艦隊參謀長），並讓他研究一下使用航空兵力攻擊美軍航母基地夏威夷的可能性。4 月，大西遞交了一份關於使用艦載機實施攻擊行動的作戰方案。細緻的作戰方案加上 1937 年日本航空母艦艦載攻擊機成功空襲中國南京的經驗，使山本更加堅定了攻打夏威夷的信心。5 月，山本將作戰方案作為正式研究課題，提交給聯合艦隊相關高級將領。7 月，聯合艦隊根據方案內容，由山本大將向日航空作戰部隊發出了為執行「工作戰」計畫而進行的全員秘密訓練的命令。

　　為達到擊斃敵人的目的，在山本的「密訓」令中，特別提到了航空兵力必須重點解決兩個問題：一是訓練實施要嚴格保密；二是訓練場的地形、氣象條件要儘量與珍珠港近似；此外，還要求水平轟炸機、俯衝轟炸機、攻擊機等不同種類的飛機經過較為複雜的實戰化訓練，在規定的時間內，能夠迅速形成一個整體的攻擊力量。為此，聯合艦隊優中選精，最後確定了九州南部的鹿兒島作為訓練場所。這裡與瓦胡島的自然情況極其相近，島中央有南北走向的霧島火山帶，東部大部為台地，地勢相近；兩地年平均氣溫也極其相似，都在 18~20℃。特別是兩地海拔高度也大體相近，均在 1200 公尺左右。夏威夷地區大半年都刮著季風，潮濕的氣流往上抬升，並在山頂周圍形

成積雲層，同時隨風飄向下游，在火奴魯魯港和珍珠港降雨，這一點也和鹿兒島極為相似。山本將鹿兒島一帶的奧福島視為珍珠港，將該島上的建築物模擬為珍珠港軍港及其周圍的美國軍工廠和重要軍事目標。為準確得到襲擊地的地形和情報，日本大本營情報部門專門啟動了在珍珠港當地的日本間諜機關，提供當時、當地的美艦隊基地情報。

從當年 5 月起，日本駐美夏威夷領事館書記生森村正 (原名言川猛夫) 就以「旅遊觀光」為名，以瓦胡島為中心漫遊各島，詳細記錄了港內所有軍艦的數量和停泊地點，也記錄了港內包括軍營、軍工廠、油庫在內的眾多重要軍事部門的所在位置，並向日本國內重點介紹了珍珠港背山面水的地形特點。10 月 8 日，日本軍令部將一包大而神秘的東西送到了第 1 航空艦隊旗艦「赤城」號的指揮室，被指定負責戰前飛行訓練的空中攻擊隊隊長淵田美津雄中佐打開一看，是一個近 4 平方公尺的美太平洋艦隊基地珍珠港的模型，模型准確顯示出了港內一切重要軍事配置，航空攻擊隊如獲至寶。

從 1941 年 7 月起，參與攻擊珍珠港的聯合艦隊航空攻擊隊的 400 多架各類飛機都集中在了鹿兒島、出水、鹿屋、佐伯等 8 個地方，全天候實施戰前秘密訓練。具體訓練中，日軍選擇了鹿兒島市內的一個標高為 107 公尺的被稱為「城山」的丘陵，作為各類飛機的攀升高點，再沿該高點迅速進入岩琦谷地 (岩琦是位於崗山市北部的一座山)，然後飛行員駕機穿過峽谷，在山腰中盤旋，當飛抵海岸時，再一次降低飛行高度，在超低空下降的同時迅速發射魚雷。

對於日航空隊的驚險飛行，鹿兒島當地的市民們戲稱為「海鷲雜技」。而對那些參加飛行訓練的官兵來說，他們根本不知道為什麼要進行這種極端危險的飛行訓練。事實上，因為珍珠港背山面水，且水面極為狹窄，飛機若從背面山上下降，將面臨四處林立的當地高層建築，而攻擊飛機一旦到達海面，就必須立即對停泊在港口的軍艦展開攻擊，「海鷲雜技」就是為適應上述作戰地形而設計的。

在一次超低空訓練中，一名叫岡琦雄一的上尉駕駛的「97 式艦載攻擊機」(魚雷機) 為顯示超低空技能，將飛行高度下降到不足 10 公尺 (當時超低空基本標準為 20~30 公尺)，而且攜帶了 800 公斤重的 46 公分穿甲彈，與

民房相撞不僅導致機毀人亡，而且死亡市民 10 餘人。在近 5 個月實戰型訓練中，航空攻擊隊有近 10 架攻擊機因技術操作失誤和超低空飛行而墜毀，而鹿兒島上的居民在近 5 個月每天 24 小時的時間內，過著仿佛用手都可以觸摸得到飛機的生活。

1941 年 12 月 2 日，日本遠征艦隊收到了山本五十六發來的「按照預定計劃行動」的「攀登新高山」密碼電報。7 日，一場完全按照日軍戰前訓練模式進行的偷襲作戰拉開了大幕。由於美軍訓練出戰鬥力倉促應戰，導致損失慘重，8 艘戰艦中，4 艘被擊沉，1 艘擱淺，其餘都受重創；6 艘巡洋艦和 3 艘驅逐艦被擊傷，188 架飛機被擊毀，數千官兵傷亡。而日本只損失了 29 架飛機和 55 名飛行員以及幾艘袖珍潛艇。

【案例評析】

仗怎麼打，兵就怎麼練。當年日本偷襲珍珠港，之所以只付出很小代價就取得較大的成功，很大程度上應歸功於戰前充分的適應性訓練。他們在地形、氣象條件等方面與珍珠港極其相似的鹿兒島進行了大量的類比訓練，對各種情況進行充分預想，並進行了演練。正是這些有針對性的戰前訓練才使得日軍偷襲珍珠港得手。這一戰例再次說明「有備才無患」。在訓練中，必須瞄準未來可能的潛在作戰對手，儘量熟悉可能作戰的環境、天候等因素，這樣才會提高訓練的針對性和科學性。

案例八　木帆船大敗軍艦

　　說起 60 多年前著名的海南戰役，人們自然會想到中共人民解放軍木船打軍艦，一舉突破「伯陵防線」，創造的戰爭史上的奇跡。1950 年初，就在舉國上下仍沉浸在中華人民共和國成立的喜悅氣氛中時，第 43 軍第 128 師 383 團官兵和兄弟部隊奉上級命令，馬不停蹄地一路追擊，於 3 月底進至瓊州海峽，隨即緊鑼密鼓地進行解放海南的渡海作戰準備。3 月 31 日，第 383 團 2 營奉命轉移到徐聞縣城西南三墩港附近一個小海灣。這裡的海峽跨度 50 多公里，站在高處可以看見國民黨軍艦在海峽中線巡邏。

　　人民解放軍一無軍艦，二無飛機，要靠木帆船撕破國民黨幾十艘軍艦和幾十架飛機組成的海上封鎖線，強渡瓊州海峽，困難是可想而知的。有人說：不要說打，軍艦硬撞，也把木船撞翻了。但全體指戰員沒有一個被困難嚇住，個個就像滿弓之箭，只待一聲令下。在官兵如火如荼的緊張訓練中，轉瞬之間就臨近渡海作戰的實質性階段。第 383 團 2 營移駐三墩港沒幾天，營裡就接到一個光榮而艱巨的任務：上級指定第 128 師組建一支護航隊，專門對付國民黨軍艦，掩護主力船隊渡海。師黨委經過研究，決定將這項艱巨任務交給第 383 團 2 營，副教導員劉安元在營黨委會上主動請纓，要求負責這項任務。

　　2 營要成立護航隊，消息一傳開，全營幹部、戰士無不激動萬分，爭先恐後要求參加這項光榮的任務。大家的參戰熱情可以理解，但責任重大，只有優中選優才能保證任務勝利完成。劉安元認真思考後，在徵得營黨委的同意後，決定比武選拔護航隊員。

　　4 月 6 日，晴空萬里。在 2 營駐地小漁村的一棵大樹下，一場別開生面的比武大會開始了。各連競選代表相繼上場亮相，向營領導介紹自己的「亮點」，有的競選代表不僅慷慨激昂地表決心，還當場掏出身上的錢物說：「一旦犧牲作為最後一次黨費。」一連兩天的比武會雖然是以「文比」的方式進行，但仍然充滿火藥味，大家各不相讓，互不服氣。這是在選「敢死隊員」哪！官兵們卻義無反顧，積極爭取。劉安元被戰友們崇高的犧牲奉獻精神深深感動，他對親自來到比武現場的團長孫幹卿激動地說：「我只有帶領戰友

們以最小的代價完成護航任務，才能對得起他們的親人。」通過嚴格選拔，護航隊最後確定了四連副連長石懷文、五連三排長邱漢芝等 7 名護航隊骨幹。經過 3 天的緊張準備，一支人員精悍、火力強大的護航隊終於組成：共有 5 艘木帆船，80 餘名隊員，每艘船上都配有火炮、重機槍。為了把火炮加固在木船上，劉安元組織大家用麻袋裝上沙子，墊實火炮底架，接著就展開訓練。儘管開戰在即，但劉安元仍利用有限的時間，一絲不苟地組織護航隊進行一系列的實驗性訓練。海上射擊對戰防炮手來說是頭一回。劉安元和副指揮員石懷文將海邊一個小島設定為目標，組織炮手反復練習，幾天後漸漸掌握了在海浪顛簸下瞄準射擊的動作要領，經過幾枚實彈檢驗，效果非常不錯。

4 月 16 日傍晚，東北風呼嘯。隨著人民解放軍主力船隊悄聲無息地集結，海南戰役的總攻序幕拉開了！此時，劉安元早已率領護航隊員上船待命。按規定，他們要比主力船隊提前 30 分鐘出發，目的就是掃清航道障礙。

19 時整，無數信號彈在雷州半島南端的空中劃過，大大小小數百艘木船沿著彎彎曲曲的海岸線，向著瓊州海峽揚帆駛去。雄偉壯觀的船隊寬約達 5 公里，新漆過的船身和桅杆，在黃昏的餘暉中顯得格外的耀眼。總攻海南島的船隊起航了！

「出發！」

劉安元一聲令下，5 艘護航船在戰友的目送下，迅速揚起了風帆，按預定的縱向隊形，以約 70 公尺的間距乘著東北風向海峽南岸疾駛。

不知不覺中，風竟然停了，船速立即慢了下來，船與船的間距越來越小，相互之間說話都清晰可聞。這時船隊已駛入海峽中流，排在第三的指揮船上的劉安元趕緊大聲說道：「同志們要鎮靜，慢慢划行，注意觀察！」

按照任務要求，護航隊只能在中流來回航行，發現敵艦，堅決迎擊，以掩護主力船隊通過海峽；還規定，在戰鬥打響之前，旋槳機不能發動。

就這樣，5 只護航船在海面上來回漂蕩，洶湧的波濤擊拍著船身，發出啪啪的響聲。

突然，東南方飛出兩顆照明彈，撕破漆黑的蒼穹。

「報告，左前方發現敵艦！」第一艘船上的觀察員大聲喊道。其實，照明彈閃過，大家都看見了國民黨軍艦。

「副教導員，打吧？」石懷文焦急地問道。

「不要急，再靠近點。」劉安元沉著地盯著前方，命令護航船隊改為扇形，衝向敵艦。

800 公尺，700 公尺，500 公尺……3 艘黑乎乎的軍艦越來越清楚。

「打！狠狠打！」

劉安元一聲斷喝，5 門火炮和各種輕重武器幾乎同時開火。轟！轟！噠噠噠！槍炮聲交織成一片，不絕於耳。突然遭襲擊，打得 3 艘國民黨軍艦措手不及，胡亂開了幾炮，便向東逃去。

讓人意想不到的是，約 20 分鐘後，3 艘狡猾的軍艦繞開護航隊，從東面向主力船隊衝過來，用機關槍瘋狂地掃射。絕不能讓主力船隊受阻！劉安元一邊命令發動旋槳機，一邊帶頭操起木槳奮力劃水，向敵艦衝去。霎時，一團團火球、一條條火龍縱橫交織。在激烈的戰鬥中，六連副指導員劉長存腰部中彈，有 2 只木船相繼受損。但護航隊員們絲毫沒有退縮，越戰越勇，剩下的 3 只木船死死咬住敵艦，不讓他們再有任何機會襲擊主力航隊……護航隊與敵艦幾乎戰鬥了一個通宵，在主力船隊側翼往返 10 多次，前後激戰了 4 次，打得國民黨軍艦節節敗退。

當一輪紅日在東方海面躍出之時，海峽南邊傳來激烈的槍聲，主力船隊登陸了！仍堅守在海峽中流的勇士們不禁歡呼起來。

劉安元率領 80 多名勇士所創造的木船打軍艦的戰鬥奇跡，成為中共軍海戰史上光輝的一頁，至今已成為許多中外軍事專家研究海戰的經典戰例。

【案例評析】

劍好還須劍術高。軍隊在未來作戰中要打勝仗，不僅需要有好劍，更需要有一套與手中好劍相配套的好劍法。海南戰役中，解放軍之所以靠木帆船這樣的劣勢裝備戰勝對手的軍艦，很重要的一個因素就是解放軍在戰前針對木帆船的特點搞訓練，摸索出一整套訓法和戰法，使之能在作戰中發揮出較高水平。

案例九　華而不實遭覆滅

在中國近代的對外戰爭中，1894 年爆發的中日甲午戰爭，是近現代史上中國軍隊與入侵的外國軍隊武器裝備差距最小的一次戰爭，同時也是規模最大、失敗最慘、影響最深、後果最重、教訓最多的一次戰爭。中國戰敗後與日本政府簽訂了喪權辱國的中日《馬關條約》，使中國陷入了深重的民族危機，面臨生死存亡的緊要關頭。

已經過去的歷史事實是：隨之爆發的甲午戰爭中，北洋水師作為當時中國最近代化的武裝力量，接連在豐島、黃海、威海三戰中失利，雖有鄧世昌指揮致遠艦撞擊日艦的壯舉和丁保禎率軍拱衛劉公島的慘烈，但最終飲恨劉公島畔，全軍覆沒。

考證北洋水師的全軍覆滅，除了清王朝政治腐敗、國家機器幾近崩塌等政治因素之外，自身常年失於訓練、根本沒有什麼戰鬥力是一個非常重要的因素。有資料介紹，當時的清王朝非常注重武器裝備的更新換代，確實花了很大的價錢買了不少新裝備。但是，拿到新裝備的北洋水師並沒有從實戰需要出發去組織訓練，艦隊的炮術訓練長期是「預量數碼，設置浮標，遵標行駛。數碼已知，放固易中」。艦隊的編隊訓練，用今天的話說也大搞擺練，各艦均按照事前擺好的陣式，記住了、走熟了、好看了，就算訓練「卓有成效」了。即使是「大閱之年」，也只不過是多排練幾次，讓場面更好看一點罷了。像這種固定靶位、標定距離、拉好架式、排好隊形、走好過場的軍事訓練，在實戰中豈有不敗之理！難怪黃海大海戰近 5 個小時，北洋水師幾十條艦船，竟然未能擊沉 1 艘日艦，「福龍」號魚雷艇從 400 公尺到 40 公尺的距離上向日本的「西京丸」艦共發射了 3 枚魚雷，也竟然一發不中。

搞花架子、搞形式主義、走過場，看似一些不足掛齒的小節，但實際上都是準確反映訓練是否紮實的細節，細節關乎成敗，華而不實必遭慘敗。

【案例評析】

訓練作風過得硬，仗才能打得贏。北洋水師平時訓練作風不嚴，搞表演、圖形式、走過場，與日軍作戰過程中必然會付出慘重代價。

案例十　來自地獄的人

　　2011 年 5 月 2 日凌晨，巴基斯坦阿伯塔巴德市郊外，全副武裝的 MH-60 直升機降落，隨著一聲「開火」，22 人被打死或被俘，這一切都發生在短短的 40 分鐘之內！這不是美國好萊塢大片中的片段，而是被稱為「來自地獄的人」——美國「海豹」突擊隊擊斃國際恐怖大亨賓·拉登的場景。

　　「海豹」突擊隊的英文縮寫為「SEAL」。「SEAL」這四個英文字母即是海、空、陸的縮寫。其實從這個縮寫中就可以看出，「海豹」突擊隊的軍事技能非常突出，能執行海、陸、空等諸多工。雖然「海豹」突擊隊名義上屬於美國特種部隊，但它是由空降兵、海軍陸戰隊、潛水夫等在內的佼佼者共同組合而成的一支特種部隊，因此它是一支名副其實的海軍三棲部隊。

　　「海豹」突擊隊的前身是 1943 年設立的美國海軍戰鬥爆破小組。在爆破小組中，其成員大多來自於美國海軍工程隊和陸戰隊的偵察部隊，他們無論是個人的軍事綜合素質還是心理承受能力都是最出色的。而事實證明，第二次世界大戰為「海豹」突擊隊提供了施展才華的舞臺，無論是在大西洋戰場還是在太平洋戰場中，都閃耀著他們的身影。

　　海軍戰鬥爆破組早期主要以執行破壞和偵察敵方海岸線為主要任務。隨著國際形勢的日益嚴峻以及戰爭的需要，「海豹」突擊隊在「二戰」中迅速發展壯大。到 1946 年，「海豹」突擊隊分隊的數量已經超過 30 個，但隨著「二戰」的結束以及美國戰略重點的轉移，「海豹」突擊隊又被精簡至 5 個分隊。

　　1943 年年底，美國海軍成立了負責執行灘頭任務的「水下爆破組」。與戰鬥爆破組不同的是，「水下爆破組」要執行危險係數非常高的破壞敵方港口、碼頭及船隻的任務。

　　1960 年代，美國甘迺迪總統極力主張建立一支專門用來進行偵察、突襲、滲透等任務的部隊。1962 年，美國海軍在戰鬥爆破隊的基礎之上正式組建了「海豹」突擊隊，並分別在美國東西兩個海岸進行駐紮，隸屬於太平洋艦隊和大西洋艦隊。

　　組建之初的「海豹」突擊隊很少進行傳統的戰爭，而是把主要精力放在反遊擊戰和各種海上及岸邊秘密軍事行動上。在它成立僅僅一個月後，越南戰爭就爆發了，而「海豹」突擊隊也順理成章地投入了越戰中。在戰場中，他們不僅參與各種滲入任務與突襲行動，還參與營救被困的戰俘。在這個過程中，他們表現出了強悍的戰鬥力與堅強的戰鬥決心，而且在整個戰爭期間，他們更是創下了無一人傷亡與失蹤的奇跡，以致美國的一位陸軍上校這樣評價「海豹」突擊隊：「很顯然，『海豹』突擊隊擁有強大的作戰能力，是美國普通兵員所不能比擬的。因而，每名『海豹』突擊隊員都是普通兵員效仿的對象。」

　　1983 年，海軍下屬的「水下爆破隊」被收編於「海豹」突擊隊，直接由海軍特種部隊指揮部領導。此外，還將其分為兩個特種作戰大隊。第一特種大隊下轄有第一、第三、第五共 3 個突擊隊，駐紮在美國加利福尼亞州的科羅拉多；第二特種大隊下轄有第二、第四、第六共 3 個突擊隊，駐紮在美國最大的航母基地維吉尼亞州的諾福克。至此，這支強悍的隊伍的總人數超過 2000 人。在此後的時間裡，「海豹」突擊隊參加了很多軍事任務，其中包括入侵格瑞那達、攻打伊拉克和阿富汗戰爭等。

　　「海豹」突擊隊取得的成績是顯而易見的，但他們是如何訓練的卻不被人所熟知。那麼，他們在日常軍事訓練中都會進行哪些方面的訓練呢？

　　一是海岸偵察訓練。「海豹」突擊隊在軍事訓練中也會認真訓練偵察技能，並將其看成是自己的看家本領。其中，海岸偵察訓練是他們在訓練中的一項基礎訓練科目，這個訓練科目的難度與具體的環境有關，因此，他們在訓練中首先會瞭解海岸的地貌特徵、水底是否有阻礙行動的障礙物，掌握漲退潮的具體時間、海岸地形及坡度、岸上敵方的兵力部署等，並根據偵察到的資訊做出具體的行動計畫。大多數情況下，「海豹」突擊隊會按照這樣的行動模式來執行偵察任務：在部隊指揮官的帶領下，「海豹」突擊隊隊員會乘坐事先準備好的快艇，在抵達海岸數百公尺的目的地區域後，以兩人一組的方式潛入水中，前後排成一條線，彼此間的距離保持在 10 公尺左右，當游到海岸邊時，利用鉛錘來度量水深，並記錄下水深以及和海岸相關的資訊。隨後，一些隊員會登陸海岸對其進行偵察，並詳細記錄沿途是否存在鋒

利的岩石以及阻礙船隻前行的珊瑚礁，敵方是否在海岸部署地雷等資訊。當執行登岸偵察的隊員完成任務後，會繼續在指揮官的帶領下，用同樣的方式返回快艇。隨後，快艇會急速駛向指揮中心，將他們偵察到的資料及時遞交給作戰總指揮，然後由總指揮根據偵察到的資訊制訂作戰計畫。

　　二是防溺訓練。在「海豹」突擊隊的日常訓練中，防溺訓練是一個很重要的訓練科目。在此訓練中，「海豹」突擊隊隊員必須要學習手腳被同時綁著去游泳。要通過這一科目，隊員們的手腳就得被綁住，然後進入一個接近3公尺深的水池中，完成以下這些動作：進行上下漂浮，遊動100公尺後再漂浮5分鐘，然後做前後翻轉，游到池底後用牙齒叼住某樣東西向上游，返回水面後再次上下漂動。通過這樣訓練的隊員在潛水和海面漂浮方面的能力會大大提升，從而使他們在水戰中更具有優勢。

　　三是高空跳傘訓練。高空跳傘訓練是「海豹」突擊隊重要的訓練科目之一，而且「海豹」突擊隊還將這種訓練科目當成是影響隊員心理素質的關鍵因素。其實對於很多人來說，在數公里的高空中從事某一項活動確實是件挑戰性非常大的事情。雖然那些剛進入「海豹」突擊隊的隊員，有些會有恐高症，但是教官在訓練他們跳傘的過程中，首先會安撫他們緊張的情緒，然後會對他們說：「作為『海豹』突擊隊的一員，高空跳傘是必須要掌握的技能，誰不能做到這一點，就不是一名合格的特種部隊隊員。」如果在訓練中出現隊員不敢跳傘的情況，訓練官就會採用一種「變態方式」——將受訓隊員推出機艙，但前提是在保證受訓隊員的傘具100%安全的情況下。當一些人對訓練官的這種方式表示質疑時，訓練官會平靜地說：「一些隊員在跳傘訓練中確實會害怕，雖然對他們的心理進行了疏導，但他們還是缺乏跳下去的勇氣和行動。此時，隊員會處於跳與不跳的心理鬥爭中，時間在一分一秒地進行著，但他們還是遲遲不做出決定，在這種情況下，就需要別人幫助他們。而此時，將他們推下去便是一個方法——有了這次跳傘經歷後，他們的心理壓力會小很多。」

　　四是「魔鬼式」的「地獄周」訓練。談到「地獄周」訓練，很多「海豹」突擊隊隊員都會這樣說：「那簡直就是魔鬼訓練！」的確如此，這項訓練不僅會嚴重透支隊員的體力，還會對其心理產生巨大壓力。在該訓練中，隊員

將會被訓練五天五夜，而睡眠時間卻少得可憐，每天只有短短的四小時。該訓練從星期天日落開始，持續到星期五的最後一刻。在此期間，隊員面臨的是不間斷的「魔鬼式」訓練。

在「地獄周」的訓練中，都包含一個看似怪異的內容：每個隊員在攝氏 18 度左右的水溫中穿著濕衣服和濕鞋子做操後沿著沙灘跑 1 公里，然後指揮官又命令他們繼續在水中做操。最後，指揮官要求隊員在完成一個任務後奔赴執行下一個任務時把橡皮艇扛在頭頂上。此外，在「地獄周」的訓練中，泥地裡匍匐前行以及長時間地跑步等諸多訓練內容都會穿插在這五天的時間內進行。

其實，「海豹」突擊隊在軍事訓練中的訓練科目不僅僅是這些，但這些軍事訓練卻都是他們必須要進行的，因為這是提升一名「海豹」突擊隊隊員作戰能力的有效手段。擊斃恐怖大亨賓‧拉登的「海豹」突擊隊的指揮官麥克雷文曾這樣表示：「『海豹』突擊隊取得的成績與日常的軍事訓練息息相關，鑄就隊員鐵一樣胸膛的最有效的辦法就是進行軍事訓練。」

【案例評析】

一分汗水，一分收穫。海豹突擊隊之所以在世界享有盛名，能在關鍵時刻大顯身手，成功擊斃「基地」組織頭目賓‧拉登，其中很重要的一個原因就是因為平時進行了大量嚴格而又不失科學的軍事訓練：良好的心理訓練能讓他們在關鍵時刻保持鎮靜；嚴格的技能訓練能讓他們靈活處理複雜情況；劇烈的體能訓練能讓他們應對惡劣的環境考驗……

【本章小結】

訓練過得硬，戰場打得贏。無數歷史事實充分證明，軍事訓練是鍛造能打仗、打勝仗的軍隊和軍人的必經之路，其間是沒有任何捷徑可走的。

首先，在思想上要把軍事訓練擺在戰略高度。我們必須把軍事訓練提高到戰略高度來認識。提高軍隊和軍人的戰鬥力最基本的管道就是軍事訓練。戰爭過程實際上是將平時軍事訓練儲藏起來的作戰能量在瞬間進行釋放的過程。一支英勇善戰的軍隊必定是一支由大量訓練有素的軍人組成的集合。

把軍事訓練擺在戰略高度，就是要把軍事訓練作為部隊經常性的中心工作來落實，作為衡量軍隊建設水平高低的根本檢驗指標，作為考查人才的重要標準來執行。

其次，在實踐上要把提高軍事訓練品質放在首位。軍事訓練水平是衡量一支軍隊戰備水平最重要的標誌之一，也是衡量和檢驗軍隊、軍人能否在未來軍事鬥爭中有效地履行職能使命最重要的標誌之一。要提高軍事訓練品質，就是要按未來戰爭需要設計好、組織好、發展好軍事訓練理論、模式、方法和手段等，進行有針對性的強化訓練，真正提高軍事訓練的實戰化水平。

第二章　訓練是推動作戰理論創新的實踐源泉

【導讀】

理論是行動的先導。軍隊戰鬥力的生成和提高，離不開一定的作戰理論做指導。任何作戰理論都是實踐的產物，都有一個漸臻完善的過程，不可能一下子就盡善盡美，需要反復認識、反復研究、反複提煉才能完成。作戰理論要完善，戰法研究要深入，就必須加強試驗論證，在實踐中去粗取精，去偽存真。而完成作戰理論的檢驗和論證，無疑是從訓練實踐中來。

新世紀、新階段軍隊要有效履行歷史使命，必須具備以核心軍事能力為代表的戰鬥力，這當中既包括作戰能力，也包括軍事威懾能力，還包括非戰爭軍事行動能力。就平時而言，最主要的就是充分做好軍事鬥爭準備，以強大的軍事威懾遏制可能爆發的戰爭。一旦戰爭爆發則能以強有力的作戰行動戰勝對手，維護國家安全和統一。

無論是井岡山時期的遊擊戰「十六字訣」，還是抗美援朝戰爭中的「零敲牛皮糖」；無論是孫子兵法中的「十則圍之，五則攻之，倍則分之」，還是最近美軍的「空海一體戰」；無論是抗登陸作戰的「背水擊、半渡擊」，還是「28 分鐘打遍全球」，作戰理論的創新和發展離不開訓練的厚實土壤，離不開訓練的實踐之源，否則，就是無源之水、無本之木，更談不上形成整體作戰能力。

案例一 模擬訓練——戰鬥力的「倍增器」

隨著資訊技術的飛速發展，在電腦技術、網路技術、建模仿真等支援下進行類比訓練已經成為資訊化條件下部隊訓練的必然趨勢。實踐表明，採用類比訓練方式能夠在較短的時間內提高部隊各級指揮員的指揮能力和部隊的作戰能力。現階段部隊模擬訓練主要包括嵌入式模擬訓練、虛擬實境模擬訓練、分佈互動式類比訓練等三種方式。

波斯灣戰爭以後，美軍就把電腦作戰類比看作是「革命性的進步之一」，是「五角大樓處理事務的核心方法」，並全面加強了對模擬訓練的支援和管理，把它列為美國防部科學與技術發展戰略的七大需求牽引力量之一。

通過電腦類比，受訓者可「身臨」歐洲、伊拉克及朝鮮等多種地形的戰場，在沙塵暴、霧天等作戰環境下，與各種敵方坦克展開作戰，以培養士兵的戰場識別能力和臨場應變能力。美軍認為，通過這樣的模擬訓練，可以在最大程度貼近實戰的條件下，提高受訓者的戰術技能和反應能力，從而提高戰場環境下完成作戰任務的能力和自身的生存能力。據美軍統計，從未參加過實戰的飛行員，在首次執行任務時生存的概率只有 60.9%。但在虛擬環境中通過模擬訓練熟練地掌握了操作技術和戰鬥技能的飛行員，進行實機訓練的生存概率可以提高到 90%。電腦作戰類比已經成為美軍作戰計劃制訂的必要環節，事實上，「沙漠盾牌」作戰計畫的藍本就是出自「內窺 90」的電腦類比演習。

美軍利用模擬訓練手段檢驗「基於效果的作戰」「快速決定性作戰」「網路中心戰」等資訊化作戰理論，並把修正和完善的概念寫入作戰條令。為此，美陸軍率先建立了 6 個作戰實驗室。美陸軍原參謀長沙利文上將指出，這些實驗室使我們能夠利用模擬技術和模擬手段對作戰理論和武器裝備進行實驗，測試硬體和軟體的實際效果。美海軍和空軍也相繼建立了各自的作戰實驗室。目前，美軍已擁有 30 多個各類大中型作戰實驗室，這些實驗室成為美軍和平時期進行重大模擬演習的場所。美軍在伊拉克戰爭中成功運用的「快速決定性作戰」理論，就曾經在「千年挑戰 2002」的模擬演練中得

到核對總和預演。美軍正在大力研製的分佈互動式類比系統，是其「網絡中心戰」理論的重要檢驗手段。

在資訊化條件下，戰爭可以在作戰實驗室裡首先打響。1980年代初，美軍確立了「提出理論—作戰實驗—實兵演練—實戰檢驗」的軍隊發展策略。從1991年波斯灣戰爭，到2003年伊拉克戰爭，沒有在資訊化條件下作戰經驗的部隊，演繹了一場場經典的現代戰爭之作。他們對自己有戰而勝之的能力充滿信心，未戰先勝，勝於開戰之前，這一點與以往戰爭有很大的不同。位於加利福尼亞沙漠之中的全美訓練中心，每年接納數十支部隊。海軍、空軍、陸軍都有自己的訓練基地。

科索沃戰爭和伊拉克戰爭，美軍實際上事先都進行了周密的作戰模擬推演，在實驗室裡模擬和複製戰爭進程的不同階段，在實驗室裡尋找和比較進行戰爭的最優方案。

有關人士分析，從美軍空襲利比亞的「外科手術式打擊」，到波斯灣戰爭38天和科索沃戰爭78天的大空襲；從阿富汗戰爭的空中打擊，到伊拉克戰爭的「倒薩」行動，這種「制式」戰法都源於作戰實驗室。因此，軍事評論家說，美軍的戰爭越來越像是從實驗室裡「打響」的，作戰似乎只是訓練在時間和空間上的延伸。

資訊技術改進了訓練手段，改變了訓練方式，提高了訓練效率，給訓練帶來了革命性變化，當然也提出了更高的要求。

【案例評析】

一流軍隊設計戰爭，二流軍隊追趕戰爭。未來戰爭是什麼樣子？該如何打？兵又如何練？對於一流軍隊來說，主要是通過模擬的方式來進行設計、主導和檢驗，也通過模擬的手段提高訓練水平。對於其他軍隊，也通常用類比技術來推演作戰進程、類比武器裝備進行訓練。諸多的作戰思想、作戰理論、戰術戰法、武器裝備都在模擬訓練中得到論證，得到改進。軍隊要提高訓練水平，也必須適應資訊化浪潮，大力推行模擬訓練，提高部隊實戰化訓練水平。

案例二　「二戰」中的德軍

　　1939 年 9 月 1 日凌晨，德國軍隊利用夜幕的掩護，在約 2000 架飛機的支援下，對波蘭發動突然襲擊。9 月 3 日，英國和法國對德國宣戰，第二次世界大戰全面爆發。在戰爭初期，德軍所向披靡，取得輝煌戰果：1 個月滅亡波蘭，6 個星期擊敗號稱世界第一陸軍強國的法國，在不到 1 年的時間裡，這些老牌的歐洲軍事列強便接二連三地淪亡，德軍勢如破竹，摧枯拉朽。

　　有人也許會講，德軍初期取得的勝利是因為有強大的裝甲部隊。但是當隆美爾的第 7 裝甲師在阿納斯遇到英國的瑪蒂達坦克時，德軍的坦克炮甚至無法穿透英國坦克，最後只得調來 88 公釐高炮平射才阻止了英軍的反擊。真正的情況是大戰爆發時的德軍無論是在人員數量，還是在裝備品質上均不如西歐聯軍強大。但是德軍以狂飆之勢席捲西歐，繼而閃擊蘇聯，同樣以劣勢兵力在 5 個月時間內便進抵莫斯科城下，給全世界軍隊上了一堂生動的「閃擊課」。德軍初期的勝利，是先進軍事思想對落後戰爭理論的勝利，也是卓越軍事訓練對劣質軍事訓練的勝利。

　　第一，德軍強調建立領導者的隊伍，擴充軍隊儲備骨幹。由於「一戰」後的德國國防軍具有長期服役的職業軍隊特點，而且軍官人數和軍事教育受到嚴格限制，因此，德國發明了一套獨特的培訓部隊指揮人才的體系和方法。德軍對志願入伍者實施精挑細選，標準異常苛刻，每個空缺至少有 7 名候選人，志願者必須通過一系列體能和心理測試。一旦進入軍隊，每位士兵將接受某一方面的專業訓練，重點培養他們的領導才能。在德軍總司令西克特挑選的 10 萬精銳部隊中，受到嚴格訓練的列兵對專業的精通程度同敵國軍隊的中士和下士一樣高。因此，到德國擴軍時，這些精銳的列兵的能力早已超出了晉升軍士所需的水平。

　　由於《凡爾賽和約》規定德軍每兵種只能有一所軍官學校，為此，1920年 5 月成立了慕尼克步兵學校、漢諾威騎兵學校、於特博根炮兵學校和慕尼克工兵學校。汽車、運輸部隊和通信部隊的軍官分別由步兵和炮兵學校代培。上述各兵種學校的培養對象主要是候補軍官。各兵種候補軍官在本兵種服役 1 年半後，首先進入步兵學校掌握一名軍官所必須掌握的基本知識和技

能。考試合格後，再進入本兵種學校學習本兵種的特殊業務，學期10個月。而且，德軍通過在軍隊連和團級單位建立軍事教育體系來彌補院校對奇缺軍事人才培養的不足。為數眾多的「教導分隊」成為訓練軍隊骨幹的基地，列兵在那裡受訓成為軍士，軍士受訓成為軍官。由於和約沒有限制軍士的數量，德軍按照普魯士傳統保留下來的士官隊伍得到了空前的發展，成為德軍的主幹。這支人數眾多的士官隊伍軍容嚴整、訓練有素，他們負責部隊人員的選拔、組織教育和訓練。士官作為德軍訓練的基礎，以其一貫的高素質，成為日後軍隊迅速成倍擴大時軍官隊伍的重要源泉。「二戰」的事實證明，注重培養卓越的士官隊伍是德軍獲取強大戰鬥力的主要優勢之一。

第二，德軍特別注重鍛造頂尖的參謀隊伍來擴充軍官集團，為戰爭儲備將才。《凡爾賽和約》把德軍軍官人數限制在4000人，同時由於總參謀部被取締，給參謀軍官的訓練培養帶來困難。威瑪共和國時期，德軍通過改頭換面設立了國防部各局、處，巧妙地將總參謀部保留下來，部隊局和訓練處事實上擔負原總參的全部工作。其重要使命便是培養高素質的參謀軍官，並對高級軍官實施高級指揮訓練。陸軍訓練處負責為總參培養參謀人才，培養物件的選拔工作周密而嚴格，具體方法是在各軍區實施考試，最後由國防部進行裁決。考試項目不僅包括軍事知識，而且有歷史和有關國家法律、經濟方面的常識以及外語和體能等。經過層層篩選，最優秀者進入國防部參加三個階段訓練，最後經考試合格後方有資格從事總參謀部勤務。1926年，參加各軍區考試的軍官有340名，但僅30名通過，經三個階段訓練後最終只留下8名軍官有資格從事總參勤務。其選拔標準之嚴，所需能力素質之高，令人咋舌。這批總參精英成為德國國防軍擴充的核心力量，並在日後成為德國發動和指揮戰爭的中堅。

第三，德軍注重實施科學全面且極具實戰性的軍事訓練，全面提高軍人的戰鬥素養和綜合能力。德軍的戰鬥訓練講求務實，瞄準實戰，具有鮮明針對性。為了貫徹新的高速機動作戰思想，軍事教育和訓練就以培養適合機動作戰的軍人為目標。德軍培養軍官的宗旨就是「他們（指揮員們）不是輪子上的齒輪，而是機動整體作戰的多面手」。為了準備發動令敵措手不及的快速突擊，必須通過一系列艱苦而全面的訓練，塑造靈活、適應力強，具有強

健體魄和超出常人的體能和心智。軍官學校為培養運動員型的軍事人才而不惜代價，為其建設一流完備的訓練設施，比如足球、田徑比賽體育場，專門的拳擊、體操和室內球賽場館，恒溫泳池和芬蘭蒸汽浴房等綜合設施，並且高薪聘請全國體育冠軍作為軍事教官。為了培養軍官奮勇作戰的精神，軍官們必須學習並掌握小部隊指揮的高級軍事技能，包括戰地通信、步炮協同以及在敵方海岸登陸攻擊技術。同時，貫徹普魯士軍事傳統，培養軍人的冒險好鬥精神，使德軍經常能獲得巨大的軍事勝利。

　　為了使訓練場真正如同戰場，德軍每年安排諸多常規軍演和特殊的部隊集訓，軍演和集訓往往針對某一種或一類戰鬥科目，或是僅僅就某一具體作戰目標進行反復操練，以求精益求精地掌握最直接有效的戰鬥技術。比如：為了實現最高統帥部隊機動作戰的要求，就大量進行兩棲進攻演習或是模擬地空協同攻堅。針對未來山地地區的作戰，德軍專門開設山地戰特訓中心，以提升部隊骨幹指揮山地戰鬥的技巧。更有甚者，二戰前夕，德軍針對敵國諸多軍事目標建造了同比例的模型，進行專門類比攻擊訓練。例如 1940 年，德軍在閃擊西歐之前，為了己方裝甲部隊迅速奪取比利時阿爾伯特運河防線上的重要橋樑，必須控制比利時現代化的埃本‧埃美爾要塞。為了使攻擊迅速，做到萬無一失，德軍於 1939 年的秋天仿造了兩個埃本‧埃美爾要塞的「複製品」模型。從 1939 年 11 月起的半年時間內，空降滑翔突擊隊，在靠近捷克舊邊界的格拉芬弗爾訓練基地，進行了極其艱苦和嚴格的訓練。計畫明確後，德軍又利用模型反復演練達 12 次之多。針對性訓練卓有成效，突擊隊的攻擊能力有了明顯提高，而且增強了必勝的信心。1940 年 5 月 10 日凌晨，700 人的德軍空降突擊隊乘滑翔機先於主攻集團對埃本‧埃瑪爾要塞及阿爾伯特運河上的三座橋樑進行了突擊。在沒有指揮員的情況下，訓練有素的德軍按預定計劃徑直衝向各自的爆破目標，輕而易舉地奪取了這座號稱歐洲最現代化最堅固的要塞。德軍僅以亡 6 人傷 19 人的微小代價，斃傷比軍 110 餘人，俘虜 1000 餘人，突破了阿爾伯特運河防線，為地面部隊打開了通向比利時心臟布魯塞爾的大門。

　　儘管「一戰」後德國人民要求擺脫不公正待遇和國家復興的民主主義情緒被希特勒納粹分子所利用，並將德軍一代人苦心經營的軍備建設引向了歧

途，但是德軍勵精圖治謀求軍事突破的種種做法，以及嚴格而戰訓一致的卓越訓練方法，使自身得到了跨越式的發展，也為世界軍事領域帶來了一場革命，開創了一個「想敵之不敢想」的以創新求戰勝的時代。

【案例評析】

　　「二戰」中的德軍之所以爆發出如此巨大的作戰能量，不僅僅因為德軍具有參戰的狂熱情緒，也不僅僅依靠飛機大炮，更重要的是依靠艱苦和嚴格的訓練。而且，這種訓練也不僅僅是簡單、重複地加大訓練強度和難度，而是具有一定創新的訓練理論、訓練方式和訓練制度貫穿於其中。

案例三　鴛鴦陣大敗倭寇

　　元末明初，日本正處在南北朝分裂時期，封建諸侯割據，互相攻伐。在戰爭中失敗了的封建主，就組織武士、商人、浪人到中國沿海地區進行武裝走私和搶掠騷擾，歷史上稱其為「倭寇」。明初，國力強盛，重視海防，倭寇未能釀成大患。正統 (1436—1449) 以後，隨著明朝政治的腐敗，海防鬆弛，倭寇禍害越來越嚴重。嘉靖 (1522—1566) 年間，倭患尤甚。

　　嘉靖三十四年 (1555 年) 秋天，戚繼光從山東調到浙江禦倭前線浙江。次年被推薦為參將，鎮守寧波、紹興、台州三府，不久又改守台州、金華、嚴州三府。這些地區是倭寇時常出沒、遭受倭患最嚴重的地方。戚繼光到任後，針對「衛所軍不習戰」的弱點，多次上書請求招募新軍。經過幾個月的嚴密組織和艱苦訓練，他建立起一支以義烏農民和礦夫為主的 3000 新軍，並創造了「鴛鴦陣」的戰術，用以訓練士兵。這支軍隊英勇善戰，屢立戰功，被譽為「戚家軍」。

　　鴛鴦陣一般由 11 個人組成，也有 7 或 9 人的，是一種以小股步兵為主的戰術，目的在於對付海寇並適應南方的地形特點。這種配置由於左右對稱而名為「鴛鴦陣」。關於「鴛鴦陣」，《紀效新書》有明確記載：「居首一人為隊長，旁二人夾長盾，又次二從持狼筅，複次四從夾長矛、長槍，再次二人夾短兵。陣法可隨機應變，變縱隊為橫隊即稱兩儀陣，兩儀陣又可變為三才陣。」

　　在戚繼光以前，軍隊中重視的是個人的武藝，能把武器揮舞如飛的士兵是大眾心目中的英雄好漢。各地的拳師、打手、鹽梟以至和尚等都被徵召入伍，等到他們被有組織的倭寇屢屢擊潰以後，當局者才覺悟到一次戰鬥的成敗並非完全取決於個人武藝。戚繼光在訓練這支新軍的時候，除了要求士兵技術嫻熟以外，還充分注意到了小部隊中各種武器的協同配合，每一個步兵班同時配置長兵器和短兵器。在接戰的時候，全長 12 尺有餘的長槍是有效的攻擊武器，它的局限性則是必須和敵人保持相當的距離。如果不能刺中敵人而讓他進入槍桿的距離之內，則這一武器立即等於廢物。

　　所以，戚繼光對一個步兵班作了如下的配置：隊長 1 名、伙夫 1 名，戰

士10名。這10名戰士有4名手操長槍作為攻擊的主力。其前面又有4名士兵：右方的士兵持大型的長方五角形藤牌，左方的士兵持小型的圓形藤牌，都以藤條製成。之後則有兩名士兵手執「狼筅」，即連枝帶葉的大毛竹，長一丈三尺左右。長槍手之後，則有兩名士兵攜帶「钂鈀」。「钂鈀」為山字形，鐵制，長七八尺，頂端的凹下處放置火箭，即系有爆仗的箭，點燃後可以直衝敵陣。

右邊持方形藤牌的士兵，其主要任務在於保持既得位置，穩定本隊的陣腳。左邊持圓形藤牌的士兵，則要匍匐前進，並在牌後擲出標槍，引誘敵兵離開有利的防禦位置。引誘如果成功，後面的兩個士兵則以狼筅把敵人掃倒於地，然後讓手持長槍的夥伴一躍而上把敵人刺死戳傷。最後兩個手持钂鈀的士兵則負責保護本隊的後方，警戒側翼，必要時還可以支援前面的夥伴，構成第二線的攻擊力量。

顯然，這一個12人的步兵班乃是一個有機的集體，預定的戰術若要取得成功，全靠士兵們分工合作，很少有個人突出的機會。正由於如此，主將戚繼光才不厭其煩地再三申明全隊人員密切配合的重要性，並以一體賞罰來做紀律上的保證。當然這種戰術規定也並非一成不變，在敵情和地形許可的時候，全隊可以一分為二，成為兩個橫隊和敵人拼殺；也可以把兩個钂鈀手配置在後面，前面8個士兵排成橫列，長槍手則分列於藤牌手與狼筅手之間。

戚繼光所擬定的戰術僅僅把火器的應用限制在有限的範圍內。他說：「火器為接敵之前用，不能倚為主要戰具。」在練兵的後期，他規定12個人的步兵班配備鳥銃2枝，一局(相當於一連)的鳥銃手，必定要有一局的步兵「殺手」協同作戰。

戚繼光招收來的兵員，都屬於淳樸可靠的青年農民，而鴛鴦陣的戰術，也是針對這些士兵的特點而設計的。他曾明確地指出，兩個手持狼筅的士兵不需要特別的技術，膂力過人就足以勝任。而這種狼筅除了掃倒敵人以外，還有隱蔽的作用而可以為士兵壯膽。嘉靖四十一年(1562年)七月，戚繼光被派往福建剿倭。戚繼光入閩碰到的第一個倭巢是橫嶼，這是福建寧德縣城東北海中的一個小島，島上倭寇有數千人，盤據數年，明軍無可奈何。戚繼光決心攻拔這一據點。他讓士兵每人拿一束草，隨進隨用草填泥，士兵擺成

鴛鴦陣，戚繼光親自擊鼓，士兵在戰鼓聲中踏草前進。上岸後，兵士奮勇當先，與倭寇展開激戰。後續部隊也涉過泥灘，雙方夾擊，亂了敵倭的陣勢，很快佔領了倭巢，並將其焚毀。此戰生擒倭寇 36 人，斬 300 餘，解救被擄男女 800 餘人，取得了入閩抗倭的第一次勝利。

橫嶼之戰後，戚家軍在寧德稍作休整，便向福清挺進，相繼攻拔福清境內的數個倭穴。八月二十九日抵達福清城，九月二日於牛田 (今福清東南) 大敗倭寇，大部殲滅，救出被擄男女 900 餘人；九月十三日，乘機奇襲盤踞林墩的倭賊，殲滅倭寇 4000 餘人，救出被擄男女 2100 多人，消滅了興化 (今莆田) 一帶的倭賊。

【案例評析】

戚繼光的練兵之法在中國歷史上歷來享有盛名。鴛鴦陣的威力主要不是靠單個士兵自身的作戰技巧和技術，而是靠相互之間的密切配合，發揮整體作用。這是對傳統的士兵戰術技能訓練的一種突破。然而，這種陣法的作用和奧妙也必須在長期的訓練中才會為士兵所掌握，同時陣法的完善也是在長期訓練中不斷改進才最終形成的。未來作戰是諸軍兵種聯合作戰，因此，軍隊的聯合作戰理論也必須在嚴格的訓練中不斷摸索、不斷改進、不斷驗證才能最後成形。

案例四　金門炮戰偵察兵的「五關」

從 1958 年 8 月 23 日首次炮戰，到 1959 年 1 月 7 日，中共對金門實施了 7 次較大規模的炮擊，這 7 次炮戰，中共摧毀敵方工事 320 個，火炮 30 餘門，斃傷國民黨軍 7000 餘人，擊落、擊傷國民黨飛機 34 架，擊傷、擊沉其軍艦 27 艘，狠狠打擊了國民黨軍在大陸沿海地區肆意攻擊、破壞的囂張氣焰，保障了沿海地區的和平、安寧和經濟發展。

金門和大陸隔海相對，炮兵不能直接看到目標，火炮進行的是超越射擊，炮擊金門若要取得戰果，需要精確測定敵軍事設施及目標，為炮手提供重要的資料和射擊諸元。當時共軍的炮兵偵察只能用手把望遠鏡、方向盤、炮隊鏡、測距儀等傳統光學儀器進行傳統的觀察。

由於有飛機不能飛越金門上空的禁令，偵察工作甚至不能得到航空照相的輔助驗證。隔海作戰，大海構成了無法逾越的屏障，又使得共軍不能秘密抵近敵工事前沿佈設觀察儀器。加之對彼岸地形物貌不熟，容易發生誤判，把電線杆、木樁當作修工事的敵兵，把巨石土堆當作敵人的碉堡掩體的事便難以避免。

偵察兵為了使收集到的敵情資料充分、全面、精確，每天貓在潮濕悶熱陰暗的觀察堡中，長時間進行枯燥呆板、乏味勞神的觀察，直至把敵方每一細小地形外貌及附近地物分佈特徵爛熟於心。當時共軍提出的口號是，要像熟悉自己的五官一樣熟悉敵情，並制訂了一個不成文的規定，內容包括：站 5 小時腿不麻，瞪 5 小時眼不花。睡 5 小時來精神，憋 (屎尿)5 小時不挪窩。

除此之外，偵察兵還得過五關。

第一是海洋性氣候關。在內陸條件環境下最富經驗最優秀的偵察兵，常常一到海邊也傻眼。海上氣候的特點是變化多端，敵方區域內的地物、地貌常因時間、天氣的不同而變化。

例如在晴天的中午，海面水蒸氣很大，鏡內固定的地物目標會呈現為蠕動狀的生動形象。又如，海風勁吹，波動浪搖，海面的反射光一片亂晃刺眼，使獲得清晰觀察十分艱難。即使是上等的好天候，一日之內也僅有四五個鐘

頭有利於觀察。經過實戰，偵察兵摸索總結出一個規律：晴天 12~17 時觀察比較清楚；太陽剛升起半小時內觀察也比較理想；雨後觀察最為清晰。

每逢觀察的黃金時間，即是前沿上百觀察所最緊張最忙碌的時刻，數百雙鷹隼般的銳眼對大、小金門開始了梳理式的掃描，重點查明任務區域內地形地物的細部及目標區附近的特徵。所有情況均被記錄在案，將來任何一點細微的異變都會引起偵察兵的高度警覺。

第二是暗夜關。當時炮戰常在夜間進行，隔海遠距偵察極為困難。因此，要想搞好夜間偵察仍要把功夫下在白天。

偵察兵認定，敵人的重炮被置放在掩體工事中，其流動性不會太大，不可能像夜貓子般一到晚間便出巢遊逛。因此，為了能於暗夜及時捕獲擒拿，白天必須事先標定好敵各炮之方位角和高低角，並熟記於心。夜間，敵炮一發射即能辨別、確定具體方位。夜間炮戰，偵察兵要是沒點機靈勁兒和一看即知的經驗，這個仗就甭打了。如同踢足球的臨門一腳，夜間偵察必須具備一秒鐘內見分曉論輸贏的真功夫。

第三是光煙識別關。炮彈出膛的一瞬間，在炮口會形成一道熾亮的火光和一團青藍的煙霧。光煙將平時深藏於偽裝工事之中的大炮暴露無遺，不情願卻又無可奈何地向對方透露了自己所處的位置。對於雙方偵察兵來講，誰能夠迅速準確地捕捉標定對方炮口的光煙並利用其與聲波的時間差計算座標，誰就佔上風，獲取主動。

光煙是個通敵分子，使得大炮在威脅對手的同時，也使自己處於脆弱和危險的境地。但光煙識別並非易事。因為同一時刻我方也在發射，敵人在陣地周圍佈設的欺騙炸藥包也在爆炸，敵人陣地上一片閃光和爆煙，要想在一眨眼的工夫把敵炮發射光煙同我方炮彈和敵方欺騙炸藥包的爆炸光煙區分開來，不是經驗豐富的老偵察兵還真不行。這要求我們必須具備類似古董鑒賞家的能力，一眼便能把「真品」從一堆「贗品」中分出。

偵察兵總結出：對方火炮發射時，其發射火光白亮，形態似閃電。其火光分為兩種：敵暴露陣地發射時火光呈圓球形，出口煙顏色灰白形成一縷上升，地面呈一定的傾斜度；而遮蔽陣地發射時火光呈半圓形，因背景反射光

圈較大,發射煙是淡青灰色,分佈濃度均勻,煙頭呈環形,發射聲混濁,繼發射聲之後並可聽到彈道風的呼嘯聲。另外,我方彈丸爆炸時一般火光呈暗紅色,火光由小而大成錐形。而炸藥爆炸時,煙色呈黑青色帶黃,煙中帶有大量的土石,煙量隨藥量的多寡而不同。

第四是交會協調關。交會觀察所的「左觀」和「右觀」,通常一個為主,一個為輔,為主者叫指示觀察所,為輔者叫接受觀察所。兩觀相隔數公里之遙,之間有電話線相連,隨時保持聯絡。戰鬥中,兩觀如何默契配合、有機協調,顯得非常重要。如果敵人只有單炮在發射,目標明確,協調是比較容易的。此時只要有一指揮員同時向兩觀下達口令,進行標定,一般不會出錯。如果發現敵人的永久性固定目標,協調也不困難。只要時間允許,兩觀還可以互遣人員到另一方觀察所去換一個角度識別目標,求得統一的觀察基準點,這樣交會出來的目標精度更有保證。

如果敵人是數門數十門火炮同時射擊,要使兩觀都能同時準確地標定,難度極大。事實上,炮戰多為集火射,單炮發射的情況絕少。遇到此類情況,關鍵是指揮者不能慌亂,指示必須明確。首先對同時出現的很多火光和爆煙,在交會過程中應統一規定從左至右、由近而遠按順序進行交會。指示觀察所還應將發現的目標概略地在地圖上編號,並要求接受觀察所亦嚴格按此編號標圖,以求達到戰鬥中的同步觀察。經過試驗,這種方法用於對地形很熟悉、地圖判斷能力高的偵察兵,尚算成功。交會觀察的關鍵,在於兩觀之間熟練配合。這很像羽毛球或乒乓球的雙打項目,兩位超一流高手不講究配合照樣會輸球,兩個技藝平平者配合默契也可能會獲勝。

第五是誤差校正關。敵炮陣地多配置在山地反斜面隱蔽地域,又有工事偽裝,便產生了連帶問題:看不到敵炮口的發射光,只能觀察到發射後嫋嫋上升的煙縷,強勁的海風,將煙縷吹拉成狹長的斜線狀。

可以想知,此時的發射煙,無論在高度上還是在前後左右的方位上,均已偏離敵炮口的真實位置。遮蔽度愈大,海風愈強,偏離也就愈遠。

共軍對策是:拖幾門炮到後方找地方模擬試射,在陣風3~4級的條件下,瞄準已升高30~40公尺的發射煙射擊,得出落彈會橫向偏差200~300公尺,

縱向偏差 400~600 公尺的資料結果。

顯然，標定敵炮發射煙縷，不進行適量的校正是不行的。任何一本炮兵教程都不會有現成答案，解決的公式只能是基本功加經驗。後來他們對煙的觀察判斷是這樣的：

如果煙團緊密白亮竄升速度很快，說明敵炮的遮蔽度不大，煙脫離炮口大概在 10~20 公尺，向下左右修正半個密位就可以了。如果煙團鬆散灰暗，上升速度開始遲緩，說明敵炮遮蔽度較大，煙距炮口大概有 20~40 公尺，向下左右的修正量都要適當增加，這樣的修正是憑直覺經驗的估計量，仍然會有誤差，但距離放炮的真實位置已經八九不離十了，按這個座標小面積射擊，20 發總會有 1 發命中或靠近目標。

只有身懷「過五關」的本事，才能獲得「斬六將」的戰果。炮戰期間，東自圍頭，西至青、浯嶼，圍繞著金門東、北、西三面，在 100 餘公里的環形正面上，163 個炮兵觀察所構成了縱深梯次、高低相間、正側結合的嚴密配系，克服了偵察距離遠、地形複雜、受海洋氣候影響大等諸多困難，共偵察、交會了大、小金門各類目標 3000 餘個，其中 300 多個目標座標經反復核實，確定為絕對可靠之座標。

【案例評析】

金門炮戰前，共軍前線的偵察兵克服飛機不得飛越金門上空航空照相等一系列困難，依靠方向盤、炮隊鏡、望遠鏡等傳統手段，通過嚴格訓練，練就站 5 小時腿不麻、瞪 5 小時眼不花、睡 5 小時來精神、憋 (屎尿)5 小時不挪窩的硬功，成功指揮炮兵對重要目標進行射擊。事實充分說明，科學的訓練能夠有效培養軍人細心觀察、科學分析的意識和能力。在目前的軍事訓練中，我們應立足現有條件，發揚軍事民主，發動廣大官兵細心觀察、科學分析、勇於探索，就能解決訓練中的難題，就能練就在戰場上克敵制勝的「絕招」。

案例五　神奇的心理暗示

　　2008 年奧運會上的射擊項目，也許你印象最深刻的不是誰獲得了冠軍，而是一位與冠軍失之交臂的人物，他就是美國的埃蒙斯。在男子 50 公尺步槍三姿賽決賽中，他只要輕鬆地打出 8 環就穩獲冠軍，但他的最後一槍卻以 4.4 環這個接近於脫靶的成績，拱手將冠軍讓給了他人。令人悲情的不是他這次的這一環，在 2012 年奧運會上，同樣的場景，同樣的最後一環，同樣的丟失手到擒來的冠軍，唯一不同的是時間和地點發生了變化……奧運會的歷史上不會再找出第二位像埃蒙斯這樣的悲劇人物了。兩次堪稱神奇的失誤，為何悲劇總是降臨在埃蒙斯的頭上？除了射擊本身存在的很大偶然性，我們或許更多的還需要從埃蒙斯自身方面尋找原因。眾所周知，射擊比賽對於一名選手的考驗很大程度上來自於心理方面，尤其是在奧運會這樣重大的比賽中。埃蒙斯的實力不容置疑，這位年少成名的射擊運動員多次在國際比賽中拿到世界冠軍的頭銜，但是在奧運賽場上連續兩次失敗的經歷無疑暴露出他心理素質不夠穩定的一面。

　　在軍事訓練中，受訓者的心理往往直接或間接地影響到訓練效果。心理暗示是在受暗示者無對抗、無批判、無抵制的基礎上，通過討論、表情、手勢、服飾、環境、氣氛等條件，從側面間接地刺激受暗示者的潛意識，從而對受暗示者的心理和行為產生影響。

　　望梅止渴就是心理暗示的經典例子：三國時期，魏國曹操的部隊在行軍路上，由於天氣炎熱，士兵都口乾舌燥，曹操見此情景，大聲對士兵說：「前面有梅林。」士兵一聽精神大振，並且立刻口生唾液。

　　心理學上有一個著名的試驗：在接受試者的皮膚上貼一片濕紙，並被告之這是一種特殊功效的紙，它能使皮膚局部發熱，要求被貼紙的人用心感受那塊皮膚的溫度變化。十幾分鐘過去後，將紙片取下，被貼處的皮膚果然變紅，並且摸上去比周圍皮膚溫度高。實際上，那只是一張普通的濕紙，心理暗示使皮膚局部的溫度發生了變化。

　　在受情緒影響波動大的訓練科目中，採用語言暗示、體態暗示、角色參與暗示、標誌物及環境的暗示等方式往往非常有效。言語是一種特殊的信

號，它概括地代表著一類現實的事物，人們用它來互相傳達各種資訊，同時亦用它來進行自我調節。言語暗示是指在特定的訓練內容或科目中，利用特定的口頭言語調節練習者的心理狀態。言語暗示根據語言實施者可分為兩種：一種是由他人進行語言暗示，是通過外部口頭言語進行的；另一種是自我暗示，是通過自己內部無聲的動覺言語或低聲的口頭言語進行的。具體說來，教練員可採用以下語言對受訓者施加暗示。

一是用結構簡略的語句暗示。比如在暗示機體放鬆時，多用「鬆」「軟極了」等詞語，這些結構簡略的言語資訊對受訓者來說刺激量少，便於及時傳遞，不會因言語結構複雜使受暗示者感知的速度減緩。二是用中音或低音暗示。受訓者對暗示的言語資訊具有較高的反應性，暗示言語力求通俗易懂，用詞含義應該簡單明瞭，一語中的，避免抽象、深奧。因此，教練員使用具體形象的言語會收到較好的效果，一些抽象的科學概念和術語則會讓受訓者反應遲鈍，不易收到暗示效果。教練員在進行暗示時，儘量做到發音清晰，節奏緩慢，音調要適當拖長。三是用肯定的語句。據實驗心理學與語言學的研究證明，否定句子領會的時間會比肯定句領會的時間要長。而且在有些情況下，否定句往往達不到否定的效果，反而會增加負面效果。四是用充滿鼓勵、信任的語調暗示。受訓者接收到鼓勵、信任的資訊時，心理上會感到親切愉快。從根本上講，暗示活動是一種正面的、積極的誘導教育，被暗示者對暗示者應具有充分的信賴和期望，他們不僅可以從暗示語中獲得啟示，而且可以從暗示者的語調中得到感染，產生正面的情緒反應。

體態暗示是心理暗示中最常用、最基本的方法。在訓練過程中教練員運用眼神、表情、姿勢、動作和距離等體態語言對受訓者加以暗示，發揮暗示的傳遞、感染、調動、激勵等作用。如對態度不認真、動作幅度不到位的受訓者採用注視、擺手等動作或借巡視、輔導之便予以含蓄的提醒。教練員使用尊重受訓者人格的暗示手段，能使受訓者產生一種良性心理反應，甚至立即醒悟，達到知錯、認錯、改錯的目的，從而提高訓練效果。

角色參與暗示就是教練員將自身的角色融入受訓者之中，將雙方的距離接近激起受訓者相同的想法，從而達到心理暗示的目的。比如在對飛行員進行旋梯訓練中，教練員對膽小的受訓者進行如下暗示，效果就較為理想：

「動作做得好壞沒關係，關鍵是有沒有大膽主動的表現，如果我是你……，假如我來處理……」在此過程中，教練員與受訓者雙方角色不斷轉化，更容易形成一個和諧的整體，受訓者就在不知不覺中順著教練員暗示的方向不斷前進，從而提高受訓者的訓練效果。

標誌物及環境的暗示。在訓練講解部分，當頻繁的講解使受訓者記憶效果下降時，就需要採用標誌物及環境暗示。比如在平衡操訓練過程中，用鎂粉畫出直徑為 1.5 公尺的圈，暗示受訓者練習時不能跨越圈外。教練員應根據教學內容、任務來創造和設計良好的教學環境。例如：當受訓者在某些動作練習中感到枯燥無味時，教練員應馬上改變教學環境，採用「比賽」(比數量、比品質、比速度、比成績)的形式進行環境暗示，激發受訓者動作練習的熱情和積極性。

【案例評析】

案例通過分析體壇的射擊名將埃蒙斯兩次在奧運會失利以及三國時期望梅止渴的典故，來說明人的精神因素的重要性。作戰比拼的不僅是武器裝備、戰術技能，還有戰鬥人員的信念、信心和意志等。在軍事訓練中，組訓人員應廣泛運用神奇的心理暗示原理等科學理論，進行大膽的探索和創新，不斷增強軍人敢打、必勝的信心，堅定永不退卻的信念，鍛煉堅貞不屈的鋼鐵意志。這樣才能使軍人在真正的戰場上不膽怯，勇往直前，正常發揮甚至超水平發揮日常軍事訓練的水平。

案例六　漫話拿破崙戰爭

　　發生在 18 世紀末至 19 世紀初的拿破崙戰爭，以法國皇帝拿破崙一世命名。這一時期，既有反法聯盟武力扼殺法國資產階級革命的事件，也有法國抵禦外來入侵並且借此機會擴張領土、爭奪霸權的事件。拿破崙善於通過訓練創新戰爭指導思想，曾經指揮過 50 多次會戰，贏得 30 餘次勝利。馬克思和恩格斯曾積極評論和贊許過他的成功，把他指揮過的會戰和作戰行動稱之為「具有歷史意義的卓越範例」。

　　1796 至 1797 年圍攻曼圖亞要塞時，他沒有指揮部隊直接強攻要塞，而是採用了圍城打援的方法，誘敵援軍脫離陣地，以此在運動中大量殺傷敵有生力量。這一招果然奏效，使來援的奧軍傷亡慘重。

　　1806 年法軍擊敗普魯士軍隊後，拿破崙十分清楚地看到了要想徹底擊垮反法聯盟，就必須儘快與俄軍交戰，只有打敗俄軍，才能從根本上肢解反法聯盟。對此，他們克服了所面臨的種種困難，定下了東進決心，大部隊連續行軍搶佔了波蘭的華沙，準備對與普魯士結盟的俄軍「動刀」。1808 年，經過幾次會戰，終於在費里德蘭地區抓住了戰機，一舉殲滅俄軍約 50% 的兵力，促使俄國沙皇亞歷山大一世向拿破崙求和。從上述會戰的情況看，尋敵主力會戰，消滅敵有生力量，是拿破崙指導戰爭的重要思想，這一思想的來源正是從練兵場上而來。他通過觀察部隊訓練，得出一個結論：「歐洲有很多優秀的將軍，但他們一下子期望的東西太多，而我只看一個東西——敵人的兵力，並且力圖消滅他們。」他還強調：「我只看到一點，只要把軍隊一消滅，其他的一切會隨之土崩瓦解。」

　　正是在這樣的訓練觀指導下，拿破崙特別強調部隊的機動訓練，以期在作戰中利用運動速度和機動方法，將主力集中於會戰的主要方向和關鍵時節。德富伯爵在《戰爭的演變》一書中寫道：「運動是拿破崙戰爭的靈魂，正好像決定性會戰構成它的工具一樣。拿破崙使他的部隊以一種有計劃的速度進行運動，用行軍的速度來彌補軍隊數量之不足。」他有一句名言：「行軍就是戰爭。」1805 年 10 月的烏爾姆會戰和 1809 年的對奧戰爭，是他利用快速機動、集中主力會戰的絕妙之筆。

　　1805 年 8 月，拿破崙率大軍集結在加萊海峽的布倫港，準備渡海攻擊英國本土，而此時，英、奧、俄等國結成第三次反法聯盟準備對法作戰。這時，法軍主力距多瑙河前線約 800 公里，按傳統行軍速度，當時步兵每分鐘只能走 70 步，從這個速度上計算，法軍要想到達作戰地域大約需要 40 天的時間。針對這種情況，拿破崙已把關注點集中在運動速度上。他認為，這次會戰的成敗是速度的較量。因此，他改變了以往的做法，要求法軍士兵以每分鐘 120 步的行軍速度實施機動。各部在他的催促下均於 9 月末到達了萊茵河一線，先後搶佔了戰略要點，逐步完成了對烏爾姆的包圍行動，在俄奧軍會合之前分割了其作戰部署，並將其各個擊破，取得了會戰的勝利。戰後，許多士兵傳播著這樣一句話，皇帝已經發現了一種新的戰爭方法，他所利用的是我們的兩條腿，而不是我們的刺刀。

　　1809 年 4 月，法軍第 3 軍和巴伐利亞軍在多瑙河相距約 56 公里的戰場上，分別受到奧軍兩倍於法軍的優勢兵力的合圍，情況非常危險。拿破崙指揮第 3 軍部隊退卻到多瑙河南部地區與巴伐利亞軍會合，從正面抗擊奧軍，同時指揮兩個軍以強行軍的速度東進，在費萊辛和蘭夏特地區側擊奧軍左翼，切斷了奧軍的交通線，取得了對奧作戰的第一回合勝利。

　　在戰爭活動中，拿破崙尤其注重通過訓練提高部隊靈活運用戰略戰術的素養。拿破崙說過：「絕不做敵人希望你做的事——這是一條確定不移的戰爭格言。理由很簡單，因為敵人希望你做。」1800 年的第二次義大利戰爭，拿破崙沒有重複 1796 年的南線作戰方案，而是繞道瑞士攀越阿爾卑斯山上號稱「天險」的大小聖伯納德山口，走了一次只有山羊才能走過去的小道。這一奇招對方根本就沒有想到，在駐意奧軍還沒有緩過勁來時，法軍就已經奪佔了奧軍許多後方補給基地和醫院，不僅切斷了奧軍退路，還確保了自己後撤道路的安全，此役，法軍達到了出奇制勝的戰略效果。在隨後的馬倫哥會戰中，也是出奇制勝。

　　在訓練中，拿破崙根據當時社會生產力發展的現狀，大膽地摒棄了多年形成的線式作戰方法，提出了縱深作戰理論。在他組織的會戰中，一般都採用以縱隊式和散開隊形相結合的縱深戰鬥部署。在華格姆會戰中，法軍首先集中了大量的炮兵部隊，先期組織火力准備，發射和消耗各種炮彈達 7.1 萬

發，這個數目在當時是相當驚人的。拿破崙以強大的火力在敵方陣地和作戰隊形內打開缺口，為步兵和騎兵的攻擊行動創造有利條件。在此戰中，他特別注重炮兵的運用，同時還建立了強有力的預備隊，以火力突擊殺傷對方有生力量，使步騎兵能夠順利地完成突破任務，爾後投入預備力量在敵縱深實施作戰。這種作戰模式充分地體現了縱深作戰的理論和思想。法軍這種新戰法的不斷運用，使封建王國軍隊線式作戰的舊模式徹底破產，歐洲各國在後期戰爭中被迫調整戰略戰術原則，以適應法軍新的作戰方法。

訓練作為人與武器的結合，也促使拿破崙改變人與武器結合的方式。拿破崙著眼作戰需要，以師一級的改革為重點，他在師的編制內增設了支援步兵作戰的炮兵，使師成為最早轄有步兵、炮兵、騎兵的合成作戰單位；同時，還組建了獨立的騎兵師，作為機動作戰兵團。在大規模會戰中，最高統帥部還直接掌握預備炮兵部隊，作為火力拳頭。這個時期法軍還首次編制了獨立的軍或軍團，負責某一方向的統一作戰指揮，為戰役作戰的順利實施提供了組織上的保障。拿破崙還組建和創立了總參謀部的體制，為實施大規模會戰和武裝力量建設開闢了新的道路。拿破崙對軍隊組織體制的改革具有革命性，影響了軍隊以後的建設和發展。

拿破崙戰爭對世界軍隊建設和戰爭的演變，起到了極大的推動作用。不論是作戰的指導思想、作戰原則和作戰方法，以及部隊的建設規模、組織體制和合成程度，都是歷史性的突破。世界各國軍事家對拿破崙戰爭實踐活動和軍事言論的總結，對後來的兩次世界大戰也產生了一定的積極影響。

【案例評析】

拿破崙的集中優勢兵力殲敵有生力量，快速機動尋找戰機等思想和理論都是從實兵訓練中創造出來的。未來面臨的戰爭，是諸軍兵種聯合作戰，已成為廣泛共識。然而軍兵種之間如何協同、怎樣配合，都沒有現成的經驗，又不能隨心所欲，這需要新的理論來指導。而這些理論都必須從諸軍兵種聯合訓練中來，並在訓練中核對總和豐富。

案例七　初識八陣圖

「功蓋三分國，名成八陣圖。江流石不轉，遺恨失吞吳。」這是一首膾炙人口的詩，是唐朝著名詩人杜甫大歷元年(766年)的作品。詩歌通過集中、凝練的六個字：「三分國」和「八陣圖」，高度讚頌了諸葛亮的軍事業績和他卓越的軍事才能。

三分國大多數人都知道，指的是魏蜀吳三分天下。八陣圖是什麼意思呢？

「八陣圖」指由天、地、風、雲、龍、虎、鳥、蛇八種陣勢所組成的軍事操練和作戰的陣圖，它是諸葛亮對古人陣法的發展創造。孫子有八陣，其陣圖著錄在《漢書‧藝文志》中。而鄭玄的《周禮注》中，孫子八陣有「蘋車之陣」，是利用「對敵自隱蔽之車」，構成的防禦方式。

孫子之後，孫臏在他的《孫臏兵法》中也寫下了《八陣篇》。東漢時，作戰或作戰訓練中普遍使用八陣。車騎將軍竇憲「勒以八陣」，大破北匈奴單于。

到了東漢末年戰亂之時，八陣更為流行，甚至成為「士民素習」的項目，但諸葛亮的過人之處就在於他對「士民」都熟悉的陣法針對特殊的地形和作戰對手加以創新。

由於蜀軍的作戰對象主要是魏國的騎兵，而作戰地形是隴右山地，諸葛亮從蜀軍的實際出發，改革原有的八陣，發揮蜀軍步、弩兵的特長，更加適合山地作戰。諸葛亮以巧妙的思維「推演兵法，作八陣圖」。

諸葛亮自稱「八陣既成，自今行師，庶不覆敗。」時人對諸葛亮的八陣圖評價很高。晉代李興說：「推子八陣，不在孫吳」，這也說明諸葛亮的八陣比之孫吳的八陣有不少創新之處。

諸葛亮八陣法在唐代失傳，但是諸葛亮曾經壘石作八陣圖，留下三處八陣圖的遺跡：一是在魚腹江邊沙石灘上。北魏酈道元記載，「江水又東逕諸葛亮圖壘南。石磧平曠，望兼川陸，有亮所造八陣圖，東跨故壘，皆壘細石為之。自壘西去，聚石八行，行間相去二丈，因曰：八陣既成，自今行師，

庶不覆敗。皆圖兵勢行藏之權，自後深識者，所不能了。今夏水漂蕩，歲月消損，高處可二三尺，下處磨滅殆盡。」第二處在漢中定軍山以東的高平舊壘。《水經注》說：「山東名高平，是亮宿營處。鐘士季征蜀，枉駕設祠營東，即八陣圖也，遺基略在，崩褫難識。」第三處在新都彌牟鎮（今屬成都）。這三處，以第一處保存最好，這八八六十四堆壘石遺跡，包含著八陣圖的資訊。

諸葛亮的八陣具有高度的機動性。八陣編成後，可根據敵人作戰方向的變換，隨時調整方向。由於陣式對稱，只要前部改為後部，後部改為前部；或左部改為右部，右部改為左部，即可掉頭，行動十分靈活。但是由於陣形龐大複雜，為了保持整齊，前進時不許速奔，後退時不許猛跑，機動速度受到較大的限制。這就是《唐李問對》中八陣口訣所訴「以前為後，以後為前，進無速度，退無遽走」。

由於以上特點，八陣的戰鬥方法靈活多樣。八陣具有全方位作戰的功能，有四正可充當四頭（側翼），有四奇、四衝可充當八尾（增援部隊），任何方向受到攻擊，該方向不必做出根本變更，即可完成主要作戰方向的部署，形成陣首、側翼和殿後的兵力配置。一處受到攻擊，相鄰左右中陣可自動作為兩翼，前來夾擊來犯之敵。這就是《續武經總要》所講的「四頭八尾，觸處為首，敵衝其中，兩頭皆救」。

總之，諸葛亮針對魏軍的騎兵優勢，以最先進的速射武器元戎為支撐，綜合發揮步、弩、騎、車協同作戰的威力，編成八陣。他的八陣，是四正四奇合成的集團方陣，陣形可離、可合、可變。編成上是包容和對稱的，具有以前為後、以後為前、四頭八尾、觸處為首、敵衝其中、兩頭皆救的快速反應和靈活應變能力。

【案例評析】

諸葛亮的八陣圖在歷史上赫赫有名，曾在實戰中發揮重要作用。究其形成的過程來看，主要在前人的基礎上，改革原有的八陣，充分發揮蜀軍步、弩兵進退靈活、便於隱蔽的優勢，更加適合山地作戰，限制敵人騎兵速度快捷、衝擊力強的優勢，實現「揚己抑敵」的目的。

案例八　戰前的「礪劍」

　　孟康之戰，是中共原昆明軍區 A 師，在 1979 年對越自衛反擊作戰之初，攻佔越軍第一個邊境縣城孟康時的戰鬥行動。A 師在 30 年沒有打仗並缺乏嚴格正規軍事訓練的情況下，突擊組織臨戰前的應急訓練、集中統一指揮，在戰法運用、協同動作以及提高部隊戰時心理素質等方面，積極探索，主動作為，最終克服重重困難，並取得了決定性的勝利。

　　1978 年 12 月 2 日下午，步兵第 A 師師長帶領機關人員正在施工現場瞭解部隊國防工程建設情況，只見一輛北京 212 吉普車疾駛而來。車未停穩，擔負作戰值班任務的作訓科長已探出身來，將剛剛收到的軍部急電快速交到師長手中。在場的所有機關人員，已經多年未見過這個架勢，大家都靜靜地注視著師長。一向和顏悅色的師長眉頭緊鎖，連續看了兩遍電報之後，果斷地命令全師所有部隊做好返回營房的準備，師常委立即到師作戰室開會。隨後在作訓科長的陪同下乘車向師部疾駛。

　　師作戰室，莊嚴肅穆，凝重的氣氛使與會人員的精神有點緊張，並且高度集中。會上，師長原文傳達了上級命令 A 師參戰的加急電報，政委做了簡短動員。副師長重點介紹了部隊的一些情況：步兵第 A 師為乙種師，長期從事「國防三線建設」，缺乏正規的訓練，對戰鬥力有一定影響。參謀長在大家討論的基礎上，宣佈了戰前准備的初步方案。

　　會後，機關部門分頭行動，部隊快速進行戰備等級轉換，開始進入高度的臨戰狀態。無論是正在山上打山洞、修永備工事的國防施工部隊，還是正在軍墾農場進行田間勞動的生產單位，全都放下手頭任務，連夜收攏人員，從不同方向陸續返回駐地營房。一時間，人心浮動。絕大部分官兵的第一感覺是走出了「施工隊」，重新踏入了「戰鬥隊」；脫掉了「施工服」，重新穿上了「作戰服」；扔掉了使用多年的風鑽、鐵鍬，重新拿起了武器，認為服役期間能真槍實彈與敵人打仗，是一生中的榮耀。而個別即將轉業的幹部和超期服役的戰士思想比較低沉，特別是部分家庭困難和即將完婚的官兵，不敢預料也不知如何處理參戰可能帶來的影響和產生的後果；部分新入伍的戰士也流露出畏戰心理。

　　面對全師上下複雜的思想情況，各級黨委為了保證這支常年從事「國防三線建設」的部隊重整戰爭年代的雄風，紛紛採取多種形式廣泛進行戰鬥動員和思想教育。領導帶頭表決心，各個單位都要求打頭陣、當主攻；決心書、求戰書像雪片一樣堆積在黨委或支部的案桌上；誓師大會上，更是群情激奮；群眾性的思想互助活動，也悄悄展開。已確定轉業的 200 多名幹部，也都積極要求上前線殺敵立功，休假探親的幹部戰士從祖國各地連夜返回部隊。通過政工部門和各級思想骨幹的共同努力，快速消除了部分官兵的緊張心理，極大地提高了部隊對自衛反擊作戰的正義性及其重要性的認識，激發了廣大指戰員的豪情壯志，使全師官兵樹立了敢打必勝的信心，並積極投入臨戰準備之中。

　　連日來，機關辦公大樓一直燈火通明，樓道內時有參謀人員拿著各種檔、電報在首長和部門間傳送，所有可開通的電話都在不斷接收和傳遞著各種作戰資訊。作戰室內，師首長圍坐在一起，不時就有關問題進行悄聲的探討或大聲的爭論。最終的焦點落在了組織機構的建立和人員的調配使用上，即如何使部隊在最短的時間內按照作戰要求落實編制，並儘快形成戰鬥力。司令部根據上級指示和配屬情況，並廣泛徵求政治、後勤部門的意見，擬制了具體擴編方案。

　　12 月 10 日，全師人員、裝備基本補充完畢，使得作戰兵力、兵器在數量上得到了滿足，但由於缺乏訓練，作戰能力還不高。建制已經重新調整，新的兵員大量充實到部隊，作戰武器裝備逐級請領下發，戰鬥準備工作正在緊張而有序地進行。師黨委及時發出了加強臨戰訓練、快速掌握殺敵本領的號召，要求各級邊準備邊訓練，在內容上突出對熱帶山嶽叢林地的適應性訓練和陣地防禦的針對性訓練，力求使一個長年鬆散的「施工部隊」，快速轉化為具有較強作戰能力的戰鬥部隊。師黨委的號召如同催化劑，在全師產生了強烈的反響，人人講作戰，處處練打法，轟轟烈烈的戰前大練兵隨處可見。

　　12 月 20 日，上級下達了遠端機動命令，並提供了軍交運輸保障計畫。由於步兵第 A 師分散在全省各主要城市，駐地距預定的集結地域路程遙遠，師長對上級提供的 20 個軍列如何使用，各種運輸保障力量如何協調等問題

進行了一段時間的思考，多次面對作戰室內的地圖籌畫部隊的機動方式和機動路線，基本思路確定以後，對參謀長說出了自己的初步設想，要求其與相關部門研究後，在兩個小時內提出全師遠端機動方案。全師經四個晝夜的遠端機動，於 12 月 25 日到達邊境作戰地域附近。

1979 年 1 月 28 日，步兵第 A 師奉命進至靠近邊境約 50 公里處的橋頭街、老寨、老將田、大壩、小壩子等地區集結。部隊在隱蔽待機和集結期間，組織了有效的臨戰訓練，根據越軍的作戰特點和熱帶山嶽叢林地區的複雜地形條件，設想了各種訓練方法，克服了種種困難，組織完成了多種超負荷的技、戰術訓練，部隊的戰鬥力有了較為明顯的提高。

2 月 10 日，步兵第 A 師在不斷完善作戰方案的基礎上，在共軍邊境一線制高點組織了多種形式、不同級別的抵近偵察。從直接觀察的結果看，幾乎所有被共軍視線觀察到的敵高地均修築了新的塹壕，並與 A 字形掩蔽部相連；從高倍望遠鏡可以清晰地察看到幾乎所有的塹壕均部署有反坦克炮、高射機槍等重火器，並有少量身穿不同顏色服裝的男女還在繼續修築和加固工事。據觀察哨上的邊防團王參謀介紹，這些工事均是近半個月修築的，過去的工事構築情況我們瞭解較少，只是從越南邊民瞭解到在靠近 7 號公路兩側山腰下有兩處 X 軍人員時常出入，但看不到越軍的營房，更不知 X 軍的工事修在何處。另外，從目前掌握的情況來看，進入越軍境內的所有路口都設有雷場和竹籤，其雷場大部分使用的是美軍在越南戰爭期間遺留下的拌雷和跳雷，少部分是當年共軍和蘇軍支援的地雷。竹籤是 X 軍設置的主要障礙，其分佈面相當廣，多為就地取材，其設置方法相當狡詐，有的直接砍斷竹子上端，根部削尖後用樹技和落葉覆蓋，很難觀察到；有的將竹尖斜方向對向我方埋設在我方人員可能通行的小路及其附近，露出地面大約 30~40 公分；還有的利用溝坎和深坑插上竹籤並進行偽裝，根據掌握的情況有些地區還在竹尖上塗抹自製毒藥。以上障礙，其隱蔽性和破壞性對步兵機動影響非常大，上級特別要求各級根據擔任的作戰任務，在工兵數量較少的情況下，設想安全通過雷場和竹籤的方法。

2 月 12 日 20 時，師司令部接到軍部轉發的上級電報，為了確保首戰孟康的勝利，2 月 13 日 8 時軍區獨立坦克團第 1 營（欠 2 連）從昆明出發，預

計 13 日 18 時前到達 A 師集結地域，主要配屬師完成攻打孟康縣城的作戰任務。為此，師長喜憂參半：戰鬥即將打響，上級配屬坦克給我師，體現了上級對此次戰鬥的高度重視，一方面可以有效地提高部隊的戰鬥士氣，另一方面增強了師的作戰力量，提高了部隊的機動和戰鬥能力。按照坦克的一般性能和戰鬥的一般原則，可以作為穿插分隊，有利於實現前沿與縱深同時攻擊的戰鬥企圖。但也帶來一些棘手問題：一是部隊正由集結地域向進攻出發陣地機動途中，坦克部隊作為一股新的作戰力量加入戰鬥，勢必帶來整個戰鬥任務的變化，涉及戰鬥決心和戰鬥方案的調整，稍有不慎，將影響指揮員的思維判斷，很容易引起部隊開進或戰鬥隊形的混亂；二是部隊過去從來沒有組織過步坦協同訓練，缺乏必要的經驗，甚至全師只有為數不多的人見過真實的 62 式輕型坦克，如果運用不當，後果將不堪設想。

參謀長似乎也已經猜透了師長的心思，及時提出了坦克部隊一經到達，儘快組織步坦協同訓練的建議。部隊及時組織了步坦協同強化訓練，有效地提高了步坦協同作戰的水平……

經過一系列「臨陣磨槍」，這支「施工部隊」在戰場上順利完成了任務，實現了首戰即勝的目標。

【案例評析】

臨陣磨槍，不快也光。文中，A 師在參戰前，結合多年沒有參加過實戰，且長期擔任施工任務未進行正規軍事訓練的實際，深入動員、周密計畫、精心組織，在新配屬的坦克兵分隊到位後，根據坦克作戰特點大膽摸索，進行適應性訓練，提高步兵、坦克兵協同的水平，最終在作戰中圓滿完成上級交給的任務。當前，共軍也有很長時間沒有參加作戰了，一些部隊由於參加搶險救災、反恐維穩、國防施工等非戰爭軍事行動，對軍事訓練有一定影響，與當年 A 師情況有些類似。在抓軍事訓練過程，A 師的經驗有一定借鑒意義。

案例九　從「十六字訣」到「誘敵深入」

　　「十六字訣」是中國工農紅軍在土地革命戰爭初期，由毛澤東、朱德等人總結提出，彙聚了集體智慧，並在實踐中不斷總結經驗，使認識逐漸完善的結果。

　　1929 年 9 月 28 日，中共中央在給紅四軍前委的指示信中，第一次將「敵進我退，敵駐我擾，敵疲我打，敵退我追」的遊擊戰術原則稱為「十六字訣」。「敵進我退」指在優勢敵軍的進攻面前，應避其鋒芒，主動退卻，盤旋打圈，敵出我前，我繞敵後；敵在山上，我退山下；敵佔中間，我佔兩側，以創造戰機，殲滅敵人。「敵駐我擾」指的是對於駐止之敵以小股兵力實行遊擊襲擾，造成敵軍官兵的精神動搖和肉體疲乏。「敵疲我打」指的是對於士氣低落、疲憊不堪之敵，應適時抓住戰機，主動出擊，殲其全部或一部。「敵退我追」指的是對退卻之敵或潰逃之敵，應該趁勢實施追擊或掩擊其後，予以殲滅或殺傷。其總的基本精神是，當敵人進攻時，從敵強我弱的實際情況出發，利用革命根據地的各種條件，揚長避短，機動殲敵，不斷消滅和消耗敵人，保存和發展自己，逐步改變敵我力量對比，主動地奪取戰爭的勝利。

　　這個使數量、裝備佔絕對優勢的強敵無可奈何的戰法，是根據中國革命戰爭特點所創造的全新戰術。正如當時毛澤東給中央的報告中所說的：「我們三年來從鬥爭中所得的戰術，真是和古今中外的戰術都不同。用我們的戰術，群眾鬥爭的發動是一天比一天擴大的，任何強大的敵人是奈何我們不得的。我們的戰術就是遊擊的戰術。」

　　「十六字訣」遊擊戰作戰指導原則，是在紅軍面對強大敵人圍攻「進剿」的形勢下逐步形成的。1927 年 10 月，井岡山革命根據地創建以後，紅軍兩次攻打茶陵，毛澤東根據正反兩方面經驗，提出「敵進我退」的原則。1928 年 1 月，毛澤東在遂川縣城主持召開工農革命軍第 1 師前敵委員會和遂川、萬安兩縣委員會聯席會議，總結了幾個月遊擊戰的經驗教訓，提出了「敵來我去，敵駐我擾，敵退我追」的「十二字訣」。不久，敵人進攻萬安縣，萬安軍民採取「堅壁清野，敵來我退，敵駐我擾，敵少我攻」的原則同

敵人鬥爭。4月，毛澤東、朱德率部在井岡山會師，成立紅四軍，在以後的遊擊作戰中豐富了萬安縣提出的原則。5月，在遂川五鬥江戰鬥勝利之後，毛澤東首次提出了「敵進我退，敵駐我擾，敵疲我打，敵退我追」的「十六字訣」指導原則。1929年4月5日，毛澤東代表紅四軍前敵委員會在《關於目前形勢閩贛鬥爭情況和紅軍遊擊戰術向中央之報告》中，正式提出了這個原則。9月28日，中央在《中共中央給紅軍第四軍前委的指示信》中將其歸納為「十六字訣」。

「十六字訣」是工農紅軍初創時期作戰經驗的理論概括，同時也是中國人民解放軍戰略戰術體系的基礎。它是紅軍指戰員集體智慧的結晶。1925年至1926年，朱德在蘇聯學習期間，一個教官問他回國以後如何打仗，他回答說：「打得贏就打，打不贏就走，必要時拖隊伍上山。」毛澤東認為，這句話對土地革命戰爭時期紅軍帶遊擊性的運動戰做了最通俗的解釋。

事實上，當時各地紅軍在開展遊擊戰過程中，也摸索出與「十六字訣」相似的遊擊戰作戰原則。以黃麻起義部隊為基礎組建的鄂東紅軍就提出「畫伏夜動，遠襲近止，聲東擊西，繞南進北」的戰術。方志敏在領導贛東北紅軍堅持根據地鬥爭時提出了「引敵深入，避實擊虛，以多打少，速打速決」的作戰方針。他們還創造了「53字」遊擊戰原則：「出敵不意，攻其不備，聲東擊西，避實擊虛，集中兵力，爭取主動，打不打操之於我；紮口子，打埋伏，打小仗，吃補藥，吃得下就吃，吃不下就跑。」這個原則被毛澤東譽為「方志敏式路線」。活動於湘鄂西的洪湖遊擊隊也創造了「你來我飛，你去我歸，人多則跑，人少則搞」十六字遊擊戰戰術，中共鄂西區黨的第二次代表大會總結提出了4條遊擊戰原則：(1) 是進攻的，不是保守的；(2) 不攻堅，不打硬仗，但絕不是逃跑主義;(3) 作戰一定要得到群眾的擁護和幫助;(4) 分散以發動群眾，集中以應付敵人。徐向前到大別山以後，認定遊擊戰是弱小紅軍保存自己、發展壯大的法寶。可是遊擊戰術又不是想走就走，想打就打，應該有幾條原則。經過共同研究，中共鄂豫邊第一次代表大會在《軍事問題決議案》中提出7條遊擊戰術原則：(1) 集中作戰，分散遊擊；(2) 紅軍作戰儘量號召群眾參加；(3) 敵情不明，不與作戰；(4) 敵進我退，敵退我進；(5) 對敵採取跑圈的形式；(6) 對遠距離的敵人，先動員群眾擾亂敵人，再採

取突擊的方式;(7)敵人如有堅固防禦工事,不與作戰。這些原則,與毛澤東、朱德在井岡山鬥爭中提出的遊擊戰「十六字訣」,共同豐富了紅軍的作戰理論。

「十六字訣」把保存自己與消滅敵人的辯證統一關係貫穿於遊擊戰爭之中。它雖然是紅軍初創時期由毛澤東在總結群眾武裝鬥爭經驗的基礎上進行的理論概括,但人民軍隊後來的戰略戰術都是由它發展起來的,如毛澤東後來提出的「誘敵深入」戰略方針,就是如此,其基本要求是在強敵進攻面前,必須實行戰略退卻,有計劃地放棄一些地方,引誘敵人進至預定地區,然後集中兵力各個殲滅。這一思想建立在充分利用根據地的有利地形,依靠黨政軍民的整體力量,充分發揮人民戰爭的強大威力,變不利為有利,變整體劣勢為局部優勢,以打破國民黨軍的大規模「圍剿」。它是紅軍戰勝優勢之敵的基本戰略方針,是保存實力、待機破敵的最好戰法,不僅有利於動員和組織根據地內的各種力量支援和參加反「圍剿」鬥爭,還有利於造成國民黨軍兵力分散,以削弱其優勢,發揮紅軍的特長。

毛澤東認為,實行「誘敵深入」的戰略方針,通常包括反「圍剿」準備、主力紅軍退卻、有利條件下的反攻 3 個階段。在國民黨軍進行「圍剿」準備時,紅軍不應再實行進攻作戰,而應適時轉入反「圍剿」準備,在國民黨軍開始進攻時,紅軍主力應向根據地內退卻。這是劣勢軍隊處於優勢敵軍進攻面前,因為顧到不能迅速地擊破其進攻,為了保存軍力,待機破敵,而採取的一個有計劃的戰略步驟。他認為,戰略退卻的終點,一般選擇在根據地的前部、中部或後部。戰略退卻終點確定的原則,是具備有利於紅軍實施反攻的若干條件,諸如人民群眾的支援、有利的地形等在紅軍主力退卻的同時,必須以一部兵力協同地方武裝和赤衛軍、少先隊,採取廣泛的遊擊活動,千方百計地阻擊、遲滯國民黨軍的前進,不斷削弱其力量,以保障紅軍主力向隱蔽地轉移和集中。退卻的時機要選擇恰當,使自己完全處於主動地位,便於到達退卻終點,以逸待勞,適時轉入反攻。在贛南閩西蘇區第一次反「圍剿」時,紅一方面軍戰略退卻的終點是根據地中部;第二次反「圍剿」時,戰略退卻的終點是根據地前部;第三次反「圍剿」時,紅一方面軍則實行一種極端的戰略退卻,因國民黨軍的「圍剿」比預料來得要快,毛澤東決定紅

軍千里回師集中於根據地後部，非常疲勞，但由於有人民群眾的支援，也取得了較好的效果。當國民黨軍受到根據地軍民的打擊、弱點充分暴露時，紅軍適時轉入反攻，選擇其要害而又比較薄弱的部位，集中兵力逐次殲敵，勝利地打破了「圍剿」。所以，毛澤東說：「對於我們，當敵舉行大規模『圍剿』時，一般的原則是誘敵深入，是退卻到根據地作戰，因為這是使我們最有把握地打破敵人進攻的辦法」。

後來，毛澤東在《中國革命戰爭的戰略問題》一文中，對「誘敵深入」戰略方針進行了深刻闡述。他說：「誘敵深入」就是戰略退卻，這是江西的叫法，四川叫「收緊陣地」。「誘敵深入」的目的基本上有三點：一是為了保存軍力，準備反攻。二是尋找敵人的弱點。「如果進攻之敵在數量和強度上都超過共軍甚遠，我們要求強弱的對比發生變化，便只有等到敵人深入根據地，吃盡根據地的苦楚，如同第三次『圍剿』時蔣介石某旅參謀長所說的『肥的拖瘦，瘦的拖死』，又如『圍剿』軍西路總司令陳銘樞所說的『國軍處處黑暗，紅軍處處明亮』之時，才能達到目的」。三是造成和發現敵人的過失。孫子說的「避其銳氣，擊其惰歸」，就是指的使敵人疲勞沮喪，以求減殺其優勢。毛澤東指出：如何高明的敵軍指揮員，在相當長時間中，要不發生一點過失，是不可能的。因此，他認為，紅軍乘敵之隙的可能性，總是存在的。

當然，毛澤東提出的「誘敵深入」戰略方針，絕不是消極避戰，而是一種有效制敵的手段。在戰爭實踐中，他從來不容許敵人自由行動，而是有頂有放，以『頂』遲滯其行動，以『放』巧布疑兵，誘敵上鉤，爾後攻其不備，各個殲敵。這是一個運籌完備、環環緊扣的作戰指導過程。毛澤東熟練運用軍事辯證法，把「誘敵深入」戰法的效力發揮到極致。

毛澤東曾經指出，我們的戰爭是從 1927 年秋天開始的，當時根本沒有經驗。南昌起義、廣州起義是失敗了，秋收起義在湘鄂贛邊界地區的部隊，也打了幾個敗仗，轉移到湘贛邊界的井岡山地區。第二年四月，南昌起義失敗後保存的部隊，經過湘南也轉到了井岡山，然而從 1928 年 5 月開始，適應當時情況的帶著樸素性質的遊擊戰爭基本原則，已經產生出來了，那就是——十六字訣，後來我們的作戰原則有了進一步的發展。到了江西根據地

第一次反「圍剿」時,「誘敵深入」的方針提出來了,而且應用成功了。等到了戰勝敵人的第三次「圍剿」時,紅軍全部作戰的原則就形成了。這時是軍事原則的新發展階段,內容大大豐富起來,形式也有了許多改變,主要是超越了從前的樸素性,然而基本的原則,仍然是那個「十六字訣」。「十六字訣」包舉了反「圍剿」的基本原則,包舉了戰略防禦和戰略進攻的兩個階段,在防禦時又包舉了戰略退卻和戰略反攻的兩個階段。後來的東西只是它的發展罷了。

【案例評析】

實踐出真知。任何理論創新只有根植於實踐的沃土,才有旺盛的生命力。無論是遊擊作戰「十六字訣」,還是「誘敵深入」的作戰思想,都是在實踐中找到對手的強弱,在實踐中發現自身的優劣,又在實踐中摸索克敵制勝的理論,然後在實踐中核對總和修正這些理論。今天的軍事訓練也是如此。打仗的最高境界是你打你的,我打我的。抓軍事訓練就是在實踐中摸索,創造出適合共軍編制、裝備、傳統的理論和方法,最大限度地發揮共軍作戰優勢,讓對手的優勢發揮不出來。

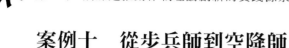

案例十 從步兵師到空降師

在全世界的師級作戰部隊中，有這樣一支部隊：它打滿了包括「一戰」、「二戰」中的大多數大規模戰役，參加過盟軍空降義大利的雪崩行動，也作為美軍第 18 空降軍的一員，在著名將領馬修‧李奇微將軍的帶領下與第 101 空降師、英軍第六傘兵師共同參與了人類戰爭史上最大規模的一次登陸作戰——諾曼地登陸，並作為首輪進攻部隊，於 1944 年 6 月 5 日晚搭乘飛機前往指定作戰區域，直至 7 月 8 日，全師正式全部撤出戰鬥，共計持續作戰 33 天。該師以減員 6278 人的代價，擊潰德軍 2 個整裝師，殲滅 3 個師，摧毀坦克 52 輛、各口徑火炮 44 門，成功地完成了掩護 200 餘萬陸軍部隊成功登陸的任務，並在隨後盟軍進攻荷蘭的市場花園行動中表現出色。不僅如此，在現代戰爭中，該師表現同樣優秀，參加了越南戰爭，1965 年 4 月的多明尼加共和國維和行動。1983 年 10 月 25 日，該師奉命空降格瑞那達，並以極其迅猛的速度完成了對當地反政府軍的武裝控制。而之後美國參與的巴拿馬軍事行動、波斯灣戰爭、持久自由軍事行動以及伊拉克戰爭中，該師均以極強的獨立作戰能力和超快的反應能力縱橫世界各地。而這支部隊，就是美國第 82 空降師。

然而，這支部隊的前身卻是美國陸軍在「一戰」之後的後備役師，第 82 步兵師。是什麼樣的訓練將一支原本是後備役師的部隊練成了全世界首屈一指的快速反應部隊呢？又是怎樣的訓練開創了空降作戰甚至特種作戰的先河呢？

第 82 空降師之所以能夠成為外軍的典範，同時開創一個嶄新的作戰理論：空降作戰。其主要原因是它的訓練較為看重模擬實景、訓練強度和自身獨到的訓練方式。

一是獨特的輪訓輪戰制度。為了使戰備、保障以及訓練三項日常任務能夠順利完成，該師開發出「輪訓輪戰」制度，用以保證每個戰鬥人員都能夠進行充足的軍事訓練。它把全師部隊分為三部分，每天有三分之一的部隊戰鬥值班，隨時準備對世界任何地方出現的突發事件做出反應；三分之一的部隊進行訓練，確保具備完成特定作戰任務的能力；三分之一的部隊實施保

障，確保全師日常活動順利進行。擔任保障任務的部隊為其他部隊保養好快速反應必需的車輛和裝備，使其他人能集中精力進行戰備和高強度的軍事訓練。這樣，全師部隊都能得到同樣時間和強度的軍事訓練。通常而言，82師的每個士兵每年訓練近 270 天，長跑約 1130 公里，至少進行 12 次傘降作戰訓練，除此以外，還要參加幾次晝夜實彈演習。

　　二是適應各種作戰環境的訓練。隨著美軍的作戰半徑全球化，各個地區的不同氣候與地形都納入了制訂軍事行動方案的考慮因素中。而對於主要以空降和空中機動的 82 空降師而言，以上因素顯得特別重要，因為他們被要求在快速動員 18 小時以內就可以部署在目標地點。而為達成這個任務，該師不僅在佈雷格堡訓練，也在世界各國分別開展訓練任務。每年更是前往全國訓練中心，同機械化部隊和裝甲部隊一起進行高強度作戰訓練；定期去聯合戰備訓練中心，同輕步兵和機械化部隊一起進行中低強度衝突作戰訓練；定期去巴拿馬克萊頓堡叢林戰訓練中心，進行輕裝部隊在叢林環境中實施低強度衝突軍事行動的訓練。

　　三是重視實彈演習。82 空降師不僅將各種環境納入考慮範圍內，也同樣重視在不同的環境下進行實彈射擊。1996 年 6 月，該師有 3000 多名傘兵被部署到波克堡聯合戰各訓練中心，進行為期三周的中低強度衝突演習。同年 8 月，又有 800 多名傘兵被派遣到加利福尼亞的沙漠裡演練作戰戰術。同年 10 月，又派 3200 多名傘兵到聯合戰備訓練中心進行演習。1997 年 1 月，1 個營特遣隊被部署到巴拿馬叢林戰訓練中心，進行為期三周的叢林進攻作戰演習。同年 3 月 20 日，950 多名傘兵跳傘進入佈雷格堡的「荷蘭傘降場」，參加大西洋總部組織實施的聯合特遣部隊「97-2 演習」。其作戰任務是傘降進入敵佔區，在 36 個小時內奪佔和建立兩個機場。同年 4 月，800 多名傘兵又到加州沙漠進行為期 30 天的沙漠作戰演習。通過這些演習，第 82 空降師核對總和提高了部隊空降突擊、奪佔機場、反裝甲作戰、空中突擊等複雜作戰行動的作戰能力。

　　四是經常進行應急部署演習。第 82 空降師時常在世界各地開展應急部署演習，尤為稱道的是，全師上下一直都是等到演習開始才得到通知緊急動員。1996 年 7 月，第 1 旅特遣隊的 175 名傘兵被部署到海地參加為期 7 天

的「順風演習」。接著，該旅 1 營 3 連約 120 名傘兵被部署到海地，在那裡執行為期 4 個月的安保任務。同年 12 月，該旅 3 營特遣隊的 540 多名傘兵用了不到 18 小時，就趕到佛羅里達的埃文派克，演練在敵國奪佔機場並保護美國公民撤離的作戰行動。1997 年 4 月，第 1 旅 2 營的 200 餘名傘兵又在 18 個小時內部署到海地，執行為期 7 天的應急任務。

五是積極實施單科課程訓練。為了培養一專多能的士兵，除分隊級訓練外，第 82 空降師還實施單科課程訓練。從 1996 年 4 月以來，全師已有 1200 多人學完跳傘能手課程；1258 人學完了初級領導藝術課程；644 人學完了別動隊員預科課程；384 人榮獲「空中突擊徽章」；764 人成為戰鬥救生員；396 人成為合格的軍械士。

六是開發充足的訓練設施，保障各項訓練順利進行。為確保各項訓練能夠完成預期要求，第 82 空降師除充分利用全美的各種民用軍用訓練設施外，還在佈雷格堡建成了 75 個全新的保養良好的靶場和傘降場，供其下屬各旅團開展射擊和跳傘等各種訓練。而且 82 空降師也在當地建設了一所和原址原比例相同的模型，以開展 CBQ(室內近距離戰鬥) 等訓練。

正是以上全面的軍事訓練和一系列的實戰考驗，成功地將一支普通的陸軍師轉變為全世界一流的空降師，這不僅僅開創了成建制空降作戰的先河，也為後續世界各國發展空降部隊和快速反應部隊提供了相當難能可貴的經驗。

【案例評析】

無數軍事專家都說未來戰爭首先從空中開始實施打擊，比如波斯灣戰爭、科索沃戰爭、伊拉克戰爭無不如此。空降兵部隊能夠「從天而降」，對地面重要目標進行「跳躍式」打擊。因此，空降作戰將在未來戰爭中扮演十分重要的角色。而空降兵要實現這神奇的作用，必須依靠嶄新的訓練手段和訓練方法，才能肩負起重任。採取循序漸進的方式，依託專門器材進行心理行為訓練，利用類比系統進行模擬訓練，利用重大演習演練進行綜合訓練，實現由低級向高級、由單兵基礎訓練課目向大型綜合實彈演習逐級合成過渡，只有按照科學的訓練方式才能鑄就作戰精兵。

【本章小結】

　　理論源於實踐，又指導實踐。軍事訓練基礎理論，是關於訓練本質、特徵和客觀規律的理性認知。只有高度重視基礎理論研究，把資訊化條件下軍事訓練的基本問題搞透了，才能獲得對新形勢下軍事訓練規律性的認識，從源頭上為破解訓練發展難題提供理論依據，從而為推進軍事訓練科學發展提供理論指導。

　　首先，重視和創新軍事訓練理論，必須要把資訊化條件下作戰問題研究透。要加強新形勢下作戰和資訊化條件下局部戰爭基本作戰樣式研究，著眼形成大規模作戰能力，緊緊圍繞聯合火力打擊、島嶼封鎖作戰、島嶼進攻作戰、防空作戰、邊境防禦作戰、抗登陸作戰等作戰樣式，深化細化具體作戰問題研究，切實把敵情、我情、戰場環境搞透，把各軍兵種部隊基本戰法、協同方法和綜合保障搞透，為開展使命課題針對性演練提供依據。

　　其次，重視和創新軍事訓練理論，必須要把部隊自身現實情況研究透。當前制約共軍的軍事訓練向高水平發展的困難和問題很多，有體制機制方面的因素，有思想觀念方面的因素，有裝備技術水平方面的因素，有外部環境方面的因素等等。只有把這些矛盾搞明白、弄清楚，並分析透徹哪些是主要矛盾，哪些是次要矛盾，哪些是矛盾的主要方面，哪些是矛盾的次要方面，哪些是內部矛盾，哪些是外部矛盾，這樣才能抓住牽一髮而動全身的關鍵因素，把不利因素轉化為有利因素，與時俱進地創新軍事訓練理論。

第三章　訓練是檢驗戰爭方案設計的試驗平臺

【導讀】

　　如果把戰爭方案比作一台歌劇的臺本，那麼，訓練就是由生疏到熟練、由單個到整體的反覆排練，不斷地磨合、不斷地發現並消除不和諧音符的過程……從純粹的軍事角度出發，在戰爭的歌劇舞臺上，歷史上曾經上演了很多經典劇碼：比如普魯士威廉二世——施利芬小毛奇的戰爭計畫，德國侵波的「白色計畫」、侵法的「黃色計劃」、侵蘇的「巴巴羅薩計畫」等等，這些「節目」在上演之前，皆無一例外地進行了「精心」「刻苦」排練。德國的「巴巴羅薩計畫」在執行初期，獲得了戰略性奇襲和戰役性奇襲的雙重效果。正如希特勒自詡的那樣，「巴巴羅薩計畫」在進攻英國的同時進攻蘇聯，使得包括蘇聯在內的全世界「大驚失色」。

　　翻開血淋淋的戰爭史，軍人們更加清晰地認識到：雖然戰爭同人類的歷史一樣久遠，但每一場戰爭都是不同的，每一場戰爭都是新的戰爭，這就是戰爭的本質。大多數人已經意識到，不管是心懷叵測地侵略別國，還是未雨綢繆地防範對手，都必須對下一次面臨的戰爭進行預想，搞好謀劃，進而展開相對應的試驗與檢驗——訓練。

　　時至今日，科技進步為戰爭實驗與檢驗提供了許多新的方法手段。比如，系統思想與電腦技術和相關數學理論的結合，成就了現代作戰模擬技術，這一技術的進步與實踐中的成功運用，為進行戰爭方案的設計打下了堅實而又客觀的基礎。現代作戰模擬的技術運用，歸根結底是訓練手段的進步。

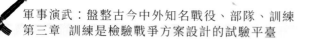

案例一　0 比 215

在美國和韓國關於朝鮮戰爭的戰史記錄中，不約而同地提到一個地名——葛峴嶺。1950 年 11 月 29 日，這裡發生了一場令各國軍人肅然起敬的阻擊戰：中國人民志願軍一個步兵排，在美軍 100 餘架次戰機和 50 餘輛坦克的輪番攻擊下，巧妙利用地形，僅靠手中輕武器頑強地阻擊了拼死逃命的美軍，殲敵 215 人，自己無一傷亡。

為了守住龍源里，徹底切斷敵人的逃路，配合正面的志願軍第 39 軍、第 40 軍圍殲美軍。第 38 軍 113 師給 337 團下達了死命令，拼死也要趕到龍源里，死死守住龍源里。337 團將尖刀排的重任交給了 1 營 1 連 2 排。向龍源里進發時，2 排已經 5 天 5 夜沒正經睡一覺了，加上中間 2 晝夜的激戰，戰士們疲憊至極，一邊走路一邊睡覺，後面的戰士常常撞到前面的戰士才清醒過來。

11 月 29 日凌晨，郭忠田的尖刀排終於插到了聯合國軍的心臟上——龍源里。這時美軍還沒有退下來，戰場一片肅靜。郭忠田登上葛峴嶺主峰，觀察戰場地形。主峰雖是制高點，但面對有空中和炮火優勢的美軍，這裡太突兀了，一旦戰機臨空，部隊無處遮蔽。順公路望去，嶺北側有一個山包。巧的是公路在此正好有一個拐彎，任何車輛行駛到這裡都必須減速；更妙的是，山包靠公路一側宛如刀削一般，坦克、裝甲車肯定爬不上來。山包上有一塊巨石，巨石下，一個天然的石洞仿佛是天然的掩體，可以防炮，放一個班進去沒問題，山包距公路才 50 餘公尺，非常便於步兵發揮火力。再看山包兩側，幾個山頭上都有志願軍的阻擊陣地。郭忠田不由得心花怒放，他決定調整部署，轉而將主陣地設置在小山包上。排裡的重機槍安置在巨石附近，郭忠田親自掌管，打起來後可以左右開弓，4、6 班部署在巨石兩側，5 班作為機動力量。

陣地確定後，戰士們都想抓緊時間打個盹，郭忠田卻嚴令全排立即搶修工事，誰也不許睡覺。作為一名經驗豐富的指揮員，郭忠田深知土工作業的重要性。他對全排的要求是什麼東西都可以扔，三件東西不能扔，一是武器彈藥，二是乾糧袋，三是小鐵鍬。每次打掃戰場，郭忠田都會命令每個戰士

都要揀一把輕便、刃口好的工兵鍬。

　　郭忠田逐個檢查工事，但仍不滿意。他和美軍交過手，領教過美軍的火力，他對疲憊不堪的戰士們下達命令：「到主峰上再造一些假工事，來個真假猴王。」後來的戰場實踐證明，正是這些假工事起到了關鍵性的作用。

　　8點多，東方放亮，郭忠田忽然發現公路上出現了許多小黑點，漸漸的小黑點越來越清楚，是1輛吉普車，3輛十輪大卡車，再後面是黑壓壓的美軍車隊。這支美軍在三所里碰壁後，正向龍源里逃來。郭忠田命令進入陣地，並規定：吹一聲長喇叭，輕、重機槍立即開火。吹兩聲長喇叭，一人扔兩顆手榴彈。三聲長喇叭，全排出擊，與敵人刺刀見紅。說完，郭忠田飛快穿過松樹林，來到了前沿6班長張祥忠的工事裡。

　　張祥忠參軍前以打獵為生，練得一手好槍法，郭忠田準備把第一槍的任務交給他。汽車轟鳴聲越來越近。「打掉那輛吉普車有沒有把握？」張祥忠的回答很乾脆：「跑了兔子我就不玩鷹。」很快，車隊行駛到了2排陣地下的拐彎處，速度慢了下來。張祥忠瞄準時機，扣動扳機，一串子彈射向吉普車。吉普車瞬間燃起了烈焰，車上的軍官也被擊中，當場斃命。

　　「嘀——」郭忠田吹響了一聲長喇叭。2排的機槍、步槍一起開火。郭忠田命令：「5班出擊，從右翼插下去，把敵人消滅掉，4班到汽車上搶彈藥。」倖存的敵人跳下汽車，向路邊的一條大溝衝去，准備依託地形反擊，但馬上遭到5班的猛烈攻擊，很快這一股美軍就被消滅。4班搬來不少彈藥，還有不少麵包和罐頭，正準備飽餐，忽然從北方傳來了「轟隆隆」的聲音。郭忠田一聽便知是坦克。隨即命令：「全排立刻進入陣地，不准暴露目標，聽命令開火！」

　　剛剛進行了長距離的行軍，部隊沒有攜帶反坦克武器，不要說專用的火箭筒，就是炸藥包也被輕裝了，到底打不打？「打吧，排長！」戰士們群情激昂，第一輛坦克已經駛到拐彎處了，郭忠田急得雙眼直冒火，那一刻他寧願自己是董存瑞。郭忠田有這樣的勇氣，但作為指揮員，他並沒有因為情況緊急而喪失理智，一個步兵排，沒有火箭筒、炸藥包，就連反坦克手雷都沒有，靠步機槍和每人4顆手榴彈去阻擋一個坦克營的結果是什麼他很清楚。

　　看著敵人的坦克從面前逃走，是這支王牌部隊的尖刀排從不曾有過的，對戰士們來說是一種恥辱，幾名戰士捆好手榴彈請戰；郭忠田深思了好一會兒，一開口便斬釘截鐵地說：「把敵人的坦克統統放過去，誰也不准開槍！」郭忠田的命令讓大家大吃一驚：「排長！上級命令不讓我們放走一輛坦克、一輛汽車，放走了敵人怎麼交代。」郭忠田火了：「我是排長，聽我的！」坦克過完了，緊接著，美軍的運兵車、彈藥車、炮車組成的車隊接踵而至，頭尾相連，一眼望不到邊。

　　「打！」郭忠田一聲令下，全排一起開火，前邊的幾輛車著了火，兩輛彈藥車被引爆，後續車隊被前面爆炸的車輛擋住了。美軍的反撲很迅速，已經越過阻擊線的坦克被爆炸聲和火光驚醒，3 輛坦克回過頭來反攻。一名指揮官從炮塔上探出身來，手舉旗子發佈命令，很快有 200 多名美軍步兵集結起來，準備用坦克掩護步兵，攻擊 2 排陣地。「打掉他！」郭忠田命令剛下，張祥忠一槍將敵指揮官擊斃。第二輛坦克上鑽出個指揮官，躲在兩輛坦克之間，用步話機呼叫。不一會兒工夫，飛來了 30 多架敵機。

　　敵人的舉動證明瞭郭忠田獨到的戰術眼光和智謀。敵機將葛峴嶺主峰當成了志願軍阻擊陣地，機炮掃射，汽油彈、炸彈把整個山頭變成了火焰山，但 2 排毫髮未損。戰鬥間隙，郭忠田命令戰士再到葛峴嶺主峰上挖假工事，就好像又上去了一支增援部隊。期間又打退了敵人數次狂轟濫炸。

　　共軍圍殲部隊大軍壓境，美軍拼盡全力垂死掙紮。飛機進行了第三次大轟炸，對假陣地足足炸了一個小時。這次敵人是背水一戰，倒下一批又衝上一批，表現出少有的頑強。2 排戰士奮勇還擊，敵人一排排地倒在陣地前，下午 5 點多敵人的攻勢開始減弱，後撤的車隊始終未能跨過 2 排陣地。

　　天黑以後，志願軍大部隊對敵人進行了圍殲。打掃戰場時，2 排陣地前面共發現 215 具美軍屍體，這還不包括擊傷和被美軍拖回的屍體。

　　戰後，志願軍總部授予 2 排「郭忠田英雄排」的光榮稱號，並給郭忠田記特等功，授予「特等功臣」和「一級戰鬥英雄」稱號。

【案例評析】

在抗美援朝第二次戰役中，中國人民志願軍第 38 軍的郭忠田率領一個排創造了「0 比 215」——「美軍亡 215 人，志願軍亡 0 人」的戰爭奇跡，郭忠田創造的戰爭奇跡，為 38 軍贏得了榮譽，38 軍被人們譽為「萬歲軍」，徹底洗刷了首次戰役的「失誤」。郭忠田通過從難從嚴的平時訓練，運用獨到的戰術眼光和智謀，靈活機動地對戰爭進行預想，搞好謀劃，轉移主陣地，修築假工事，迷惑敵人，為戰爭的勝利奠定了堅實的基礎，創造出載入史冊的戰爭奇跡。

案例二 「沙漠風暴」前的臨戰訓練

臨戰訓練，是在臨近戰爭爆發或受領作戰任務後進行的有針對性的訓練。它具有將平時訓練的成果向完成既定作戰任務的能力轉化的重要功能，這既是重要的訓練階段，又是重要的作戰準備階段；既是作戰前的「最後一場訓練」，又是檢驗戰爭方案設計的試驗平臺。

1991 年 1 月 17 日凌晨，停泊在波斯灣地區的美國軍艦向伊拉克防空陣地、雷達基地發射了百餘枚「戰斧」式巡航導彈，以美國為首的多國部隊開始實施「沙漠風暴」行動，波斯灣戰爭爆發。在接下來的 38 天中，多國部隊利用自己的軍事高技術優勢，對伊拉克進行了持續的空中打擊，使伊拉克的指揮和控制系統癱瘓，嚴重削弱了伊軍的戰鬥力。最終伊拉克不得不接受聯合國 660 號決議，並從科威特撤軍。戰後統計，在此次波斯灣戰爭中，以美國為首的多國部隊總計陣亡百餘人，而伊拉克則傷亡約 10 萬人，另有 10 多萬人被俘。

多國部隊之所以能在這麼短的時間內取得如此重大的勝利，一方面與其絕對的軍事優勢有關，另一方面也與多國部隊在開戰之前進行的臨戰訓練有關。例如多國部隊空軍為完成對伊拉克的打擊，遠在武裝攻擊之前就已在美國本土開始對飛行人員進行遂行作戰任務的嚴格訓練，並且這種訓練一直持續到進入中東後的實際氣象條件和地理條件的訓練。

多國部隊不但裝備具有較高戰術技術性能的作戰飛機，而且其作戰計畫和飛行訓練都是根據敵部署變化的最新情報和己方航空兵在演習中和訓練中暴露出的薄弱環節進行及時的修改。針對中東地區戰場條件，美軍還對部隊的傳統演習進行了修改，以提高部署在波斯灣聯合空軍部隊飛行人員的戰術技術素質。他們不但將傳統的「紅旗」演習改名為「沙漠旗」演習，而且對演習的起點、目的和任務進行了相應的修改。此外，內利斯空軍基地還用了一個半月的時間，將訓練場進行了實戰化改建，如將該靶場的 1400 個地面目標和部分作戰兵器配置陣地改建成類似伊拉克和科威特領土上的真實目標。

參加「沙漠旗」演習的有美空軍戰術航空兵、海軍航空兵和海軍陸戰

隊，以及反伊聯盟各國的航空兵，每次演習總共約有 90 架飛機參加。參演的每個部隊派 6~9 架飛機，20 名飛行員和 70~80 名維護人員，他們共同組成一個小分隊。每個分隊在內利斯基地駐訓兩周，在下一個分隊的空地勤人員到達後才返回自己的駐地。在此期間，每名飛行員每天的訓練時間長達 11 個小時。具體內容包括飛行前指示、下達戰鬥任務、一個半小時的飛行、飛行後講評、制訂飛行計畫以及第二天飛行的預先準備。演習時，將這些參演飛機分成兩個編隊，根據任務要求，每個編隊組成均有戰術戰鬥機、實施突擊任務飛機、偵察機、電子戰飛機、空中加油機、搜索救援直升機、空中預警機等。

內利斯靶場配置的資料記錄分析系統 (MDS) 可準確再現戰場畫面，其雷達和測控台能監控基地空域內的 135 架飛機，在空軍司令部大螢幕顯示器上可即時看到作戰情況。每架飛機都有數字和彩色標記，便於在顯示器上識別。飛機的高度、速度和位置由地面觀察人員即時錄入，並在飛行講評時複現。演習中雙方飛機可模擬發射導彈和航炮射擊，「被擊中」的飛機在螢幕上以特有的白色標誌標出，轟炸效果由電視技術設備測定，飛行後再對每名飛行員的動作進行講評。

美軍還非常重視對伊拉克戰術航空兵作戰戰術的研究。他們不但組織分析了伊拉克空軍同伊朗作戰時的空戰戰術，還研究了蘇聯、埃及、印度空軍的戰術使用方法，因為伊拉克飛行員大都由這幾個國家的軍事顧問訓練。此外，由於伊拉克還裝備了法式「幻影」戰鬥機，且一部分飛行人員是由法國訓練的，為此，演習中還專門組織了飛行員攻擊伊拉克「幻影」飛機的戰術訓練。

空戰訓練中不同用途飛機的戰術配置和作戰協同也對後期的實戰具有重要的意義。如 F-117A 隱形飛機在午夜 1 時前幾分鐘隱蔽出現在類比的伊拉克防空區域，在夜間從空中實施突然打擊。F-117A 飛機在突擊飛機編隊到達之前，擔負著摧毀伊拉克在一些最重要方向上部署的防空導彈，以及在多國部隊空軍突破伊防空區域時對巴格達的重要目標實施打擊的任務。飛行員夜間飛行訓練前，一般要仔細研究進入無地標對比的小型目的地區域的行動方法。因為空中預警機在作戰中很難用機載雷達發現 F-117A 飛機，不能

實施引導，所以要求 F-117A 飛機自動化程度要高。每次作戰飛行前，飛行員都要儘量全面地獲取敵防空系統的資訊。此外，從起飛到降落的整個飛行期間要做到無線電靜默。為防止同加油機和其他飛機相撞，隱形飛機的飛行員應進入事先選擇的空域，嚴格遵守時間。由於多國部隊在波斯灣戰區面臨的突出問題是突擊部隊間的協同問題，特別是巡航導彈和飛機間的協同。為此，在已有的經驗上，他們事先對「戰斧」海基巡航導彈進行了試射訓練。在 1990 年度海軍的演習中和在航空基地試驗期間，就曾利用多國部隊司令部提供的突擊協同資料，用電子電腦對飛行任務的訓練和導彈進入目標的時間進行了計算。到「沙漠風暴」作戰開始時，海軍已具有計算巡航導彈進入敵目標區較豐富的訓練經驗。

多國部隊在訓練中還非常注重抑制伊拉克防空火力的演練，為此他們啟用了武器庫中的所有空地電子戰兵器。美軍司令部在「沙漠風暴」戰役開始前的 2 個月內採取了一系列組織措施、技術措施及專門的演練，在演習中對美空軍抑制伊拉克防空系統的作戰使用效果進行了評估和檢驗。通過這些演練，使多國部隊空軍在「沙漠風暴」中取得了不錯的戰果，電子戰兵器不僅使美軍在空地作戰中取得很好的效果，而且使美軍全面瞭解了伊拉克具體武器系統、戰術技術性能和作戰使用特點。而且，演習中取得的成果很快就應用到武器系統中，首先應用到與地空導彈和其他防空兵器對抗的武器系統中，以及具體戰術動作中。在對伊拉克的首次突擊作戰中，飛機和導彈系統使用的就是根據無線電電子設備偵察到的最新資料計算的軟體。

多國部隊還注重在相同的戰場環境下的訓練。當多國部隊第一批作戰飛機轉場到沙烏地阿拉伯後，就立即開始了實際戰場環境的飛行訓練。由於在沙漠中的景象是沙天一體，難以判斷飛行高度，升到空中的細沙遮住了地平線，造成能見度極低，給飛行增加了困難，尤其是夜間飛行，致使在進入新地區的初期發生了幾起飛行事故，所以要求飛行員在最初階段的飛行中飛行高度不低於 300 公尺，後期隨著經驗的積累，再逐漸降低飛行高度。

與此同時，多國部隊空軍的「狂風」飛機的飛行員被派到德國去練習攻打伊拉克空軍已經裝備的「米格 -29」飛機的空戰訓練。訓練飛行時還有側重地安排飛行員攻擊地面目標的訓練，以及摧毀伊拉克軍事目標和軍工目標

的訓練。這些重點目標為：指揮所、指揮和通信中心、機場和導彈綜合系統、電視臺、無線電臺和電話局、電力系統、軍工廠、武器彈藥庫、大規模殺傷武器生產中心和儲藏點、油料庫等。最初這類目標的數量約 100 個，此後增加到 300 多個。這些目標都列入多國部隊司令部作戰部門的手冊中，手冊中有目標的精確座標和有關目標的最重要的資料。

為獲取這些重要的資料，偵察部門不但動用了大量的偵察衛星、偵察機和無線電偵察設備，還採訪了在伊拉克居住過的學者、專家、駐伊公司代表，以及願意提供任何情況的人。此外，還調查瞭解了伊拉克修建地下掩體、無線和有線通信中心建築的專家。美軍根據所收集到的重要目標，計算出進入目的地區域的最佳航線，確定了目標兵力、武器數量和編成。此外，他們還利用最先進的電腦技術和專用軟體，準確確定出摧毀目標時彈藥的總量、炸彈的數量和所需精度，以及突擊時所需兵力。

實踐證明，正是這一系列的嚴格訓練使多國部隊空軍在「沙漠風暴」作戰中以極小的損失換取了巨大勝利。

【案例評析】

臨陣磨槍，不快也光。多國部隊在實施「沙漠風暴」行動前，狠抓臨戰訓練，注重在相同的戰場環境下，突出作戰方案預演，加強諸軍種、兵種協同配合訓練，加強貼近實戰的模擬訓練，正是這一系列針對性、突擊性強的嚴格訓練，奠定了戰爭勝利的堅實基礎，使得「沙漠風暴」行動迅速取勝，以極小的代價換取了巨大勝利。臨戰訓練在檢驗戰爭方案設計、提高對抗技能和部隊戰鬥力等方面發揮著巨大作用，在軍事訓練中佔有十分重要的地位。

案例三　在訓練中設計戰爭

　　戰爭是打出來的，也是設計出來的。歷史上成功的戰例大都是軍事家設計出來的。從冷兵器時代的圍魏救趙到機械化戰爭時代的諾曼地登陸，都是軍事家們精心設計的結果。

　　資訊化時代成功的戰爭也是設計出來的。波斯灣戰爭前，兩個年輕的美國軍官突發奇想：能否先設計戰爭，再打。如果可以，那麼靠什麼把設計變成現實？回答是靠訓練。這一方案被迅速採納。於是，美軍按預先對戰爭的設計，把部隊拉到類似戰場的地形上，進行了高強度、高難度、高模擬的極限訓練。然後，按訓練的程式擬訂作戰計畫，按訓練的節奏控制實戰進程。接下來，美軍運用相同的思路又打了幾仗。結果，戰爭過程與訓練程式相當吻合，戰爭結局與演習結果差不了多少，前者成了後者的「克隆」。在美軍參與的最近幾次大規模局部戰爭中，無論是戰爭的進程，還是戰爭的結果幾乎都在美軍戰前設計的控制範圍之內。

　　「從戰爭中學習戰爭」是冷兵器時代以及機械化兵器時代的規律。資訊時代戰爭的進程大大加快，往往在戰爭剛開始的幾天就會顯露出戰爭的結局。於是「從戰爭中學習戰爭」將會在戰爭初期付出難以承受的代價。換言之，很難有「從戰爭中學習戰爭」的機會。因此需要「戰爭前研究戰爭」。「戰爭前研究戰爭」主要是指研究未來可能面臨的戰爭，而不是把歷史上曾經發生過，包括自身親歷過的戰爭作為研究的主要內容。即使研究歷史上的戰爭，其目的也是為研究未來戰爭服務。而「戰爭前研究戰爭」的最好方法就是設計戰爭。不打無準備之仗，既包括兵力、物力上的準備，也包括作戰理念、戰法、武器裝備等各方面的準備。戰爭設計就是為了做好這些準備。

　　設計戰爭的關鍵是處理好裝備與理論的互動發展。武器裝備與作戰理論是決定戰爭勝負的兩個重要因素。決定戰爭勝負的因素是人，這裡人的因素不僅包括戰爭開始後部隊表現出的訓練有素和勇敢精神，還應該包括戰爭開始前人在戰爭準備、武器裝備研製與作戰理論研究方面所起的作用。

　　設計戰爭需要充分的想像力。傳統的用於訓練的作戰模擬系統常先將武器裝備固定下來，再去研究戰法。而用於裝備論證的作戰類比系統則常將戰

法固定下來，再去研究裝備變化對戰爭結果的影響。設計戰爭要同時探討武器裝備與戰法的變化以及它們之間的相互影響，這就需要充分的想像力。戰爭設計工程研究的是未來戰爭，不是歷史上已經發生過的戰爭，需要對未來技術發展趨勢進行預測，也需要對未來武器裝備能力進行預測，還需要對未來戰爭樣式進行預測甚至設計，這都需要充分的想像力和創造性才能實現。

　　設計戰爭把「設計」的思想引進到軍事理論研究中，在想像力和技術發展許可範圍之內研究未來武器裝備發展的各種可能性，在此基礎上對未來戰爭進行「設計」，這種可能性是指技術上已經具備條件，或者已經具備了基本條件，只待人們去實現。這種可能性向現實性的轉變需要有人去發掘，還需要人們去預測這種新技術、新裝備在未來作戰中的效能。為此又必須研究這種新裝備的戰法以及對付它的辦法。

　　某種意義上講，設計戰爭本身就是訓練部隊的過程，大量的指揮人員、技術人員參與其中，必然得到全方位的鍛煉和提高。同時，應注重按照設計戰爭的預案，引導部隊訓練，既可檢驗戰爭設計的科學性，也可全面地鍛煉部隊。

　　用訓練引導作戰，可謂一場革命。追溯發端，有技術的、裝備的、體制的優勢，但最關鍵的還是觀念。任何一支軍隊，如果數十年不打仗，「仗怎麼打」就模糊了，雖然可以學前人的，看別人的，但屬於無奈之舉。因為，間接實踐總不如親自幹那樣有切膚感。「仗怎麼打」一旦沒有了清晰的參照，「像打仗一樣訓練」就容易「虛」。

　　訓練是為作戰服務的，所以必須追蹤實戰，實戰牽引訓練是一條鐵律。但如果認定訓練只有追蹤實戰一種選擇，便會輕而易舉地發現它的不足之處：不知道仗怎麼打時，怎麼追蹤？顯然，軍事訓練肯定還有其他功能沒有挖掘出來。人們在記住實戰牽引訓練這條規律的同時，千萬別忘了另一條重要規律：人有能動性，這種能動性有時會超常發揮。訓練和作戰都是以人為主導的實踐。如果經過人的努力，可以「像打仗一樣訓練」，那麼，再經過人的努力，「像訓練一樣打仗」並不違背規律。訓練是不流血的戰爭，戰爭是流血的訓練，兩者高度的統一性，表明訓練與打仗的關係可以互動。把訓練場當第一戰場，實戰當第二戰場，按訓練方案打仗，可以讓實戰進入自己

擅長的步調，增加勝算。這裡，軍事訓練的功能提前了、放大了，因為人的能動性在起作用。

力量有兩種，硬力量和軟力量。前者包括武器性能、操作技能，後者是指思維力、籌畫力、決策力。一般認為，武器裝備是什麼水平，訓練就是什麼水平，仗也只能打到什麼水平。但是，如果一味地以武器性能定訓練標準，就把軟力量放棄了，難免陷入「硬體決定論」。第二次世界大戰前，英國人最先發明瞭坦克，而德國人沒有。但德國人在訓練時，把火炮固定在馬車上模擬坦克，演練戰法，最終發明「閃電戰」的是德國人，而不是英國人。這就是軟力量的價值。

在技術功效凸顯的時代，人們的興奮點往往凝固在技術優勢上。其實，思維優勢恐怕更有價值。當年，毛澤東的一部《論持久戰》，把一場軍力對比優劣懸殊的戰爭，導演成一場以劣勝優的威武雄壯的話劇，那是何等高超的戰略思維與戰略智慧！它表明，在一定條件下，思維優勢可以駕馭技術優勢。

可以說，三流的訓練是被動應付可能的作戰，二流的訓練是積極追隨可能的作戰，一流的訓練是主動引導可能的作戰。開發訓練的設計功能，就是要用訓練引領實踐，這需要戰略思維，需要軟力量的能動性，它將給訓練帶來連鎖效益。

讓新的作戰思想產生於訓練場。一種新的作戰思想，往往要經過實踐才能定型，實踐的次數越多，成功的可能性越大。用訓練引導作戰，等於把未來的實戰提前了，在這種被提前了的預實踐中，可以大膽嘗試新的作戰思想，並反復檢驗它，大大拓展了軍事訓練的實踐空間，為新思想的產生提供了更開闊的平臺。

透徹地搞清作戰需求。由於不知道「仗怎麼打」，作戰需求就成了一道爭議最多的難題。如果用訓練引導作戰，訓練場的需求與戰場需求便高度一致起來，解開作戰需求這道難題，自然就有了清晰的坐標系。

及時對武器裝備的發展方向「糾偏」。未來戰場需要什麼樣的武器裝備？在沒有打仗的條件下，猜想的成分比較大，武器裝備的發展會走彎路。

用訓練引導作戰，壓縮了猜想的成分，擴張了真實感，從而大大降低武器裝備發展偏離戰場需求的概率。

　　準確把握作戰結構優化的新趨勢。未來戰場上，「模組化編組」是作戰編成的突出特點。鎖定打擊目標之後，快速聚合「模塊」，完成攻擊後，再迅速分散「模組」，等待下一次攻擊。「模組化」是軍隊結構調整的大勢所趨。如何組成「模組」？組成何種功能的「模組」？怎樣改進指揮方式？都可以在逼真的預實踐中找到答案。

　　快速確定最急需的人才類型。未來作戰體系，需要多種類型的人才，人才的專業化程度影響著作戰體系的效能。在與戰場「同一」的訓練場上，可以最快地發現專業人才配置的「瓶頸」，從而提出人才類型需求，大幅度提高人才培養針對性。

　　事實上，放大訓練的「設計」功能，通過軍事訓練引導未來作戰，我們已經在不自覺地進行之中，如普遍開展的針對性訓練、實案化訓練、實驗性訓練等，都體現了「把訓練場變成第一戰場」的先進訓練觀念，只是這種設計還是局部的、短時段的，想定的模擬度不高，缺少戰略含義。倘若把訓練引導實戰的功能提得再清晰一點，我們會對已經相當熟悉的軍事訓練產生新的期待，獲得新的動力。

　　發掘軍事訓練引導實戰的功能，科學籌畫軍事訓練，在訓練部隊中設計戰爭，需要立即行動起來。

【案例評析】

　　軍人打仗靠什麼？除了謀略、勇敢、高科技這些因素外，還有善於「設計戰爭」這一重要因素，而訓練又把設計變成現實，所以，軍人打仗要靠在設計戰爭中訓練部隊，在訓練部隊中設計戰爭。常言道：不打無準備之仗。設計戰爭就是應對各種不測的最好準備，一方面應強化「戰爭設計」的訓練作用，注重按照設計戰爭的預案，引導部隊訓練；另一方面應放大訓練的「戰爭設計」功能，用訓練引導作戰，從這兩方面培養戰鬥員擁有與之相應的能力，充分掌握未來戰爭的主動權。

案例四　軍事遊戲非「遊戲」

　　在前一輪戰機轟炸後，解放軍戰士們空降目標地，迅速與「敵人」展開巷戰……幾名狙擊手在制高點狙擊遠處「敵人」，一隊戰士衝進目標建築物，和「敵人」近身肉搏……這不是戰爭，也不是一場演習，而是一段名為《光榮使命》的網路軍事遊戲中的情節。2011 年 10 月底，共軍首款大型軍事遊戲《光榮使命》正式配發全軍部隊，光榮服役。這款遊戲以一名戰士的軍營生活為背景，以參加代號為「光榮使命」的大型實兵對抗演習為主線，分三個模組，涵蓋軍事、政治、後裝基礎知識。官兵試玩後普遍反映：這款遊戲打起來帶勁，玩起來過癮，像一本通俗易懂的軍事教材。

　　在互聯網時代的今天，網路日益融入人們的生活，愛網、用網成為時尚，上網玩遊戲成為青年喜愛的娛樂方式之一。軍事遊戲在國外一些軍隊已發展多年，形成了體系，並廣泛應用於部隊的教育、訓練。而共軍軍事遊戲目前尚處於起步階段，有些部隊對於電腦遊戲要麼諱莫如深，要麼嗤之以鼻，要麼一概不知。

　　軍事遊戲到底是怎麼一回事呢？讓我們首先來認識一下它有哪些引人注目的地方。

　　一是形象、生動、逼真。玩軍事電子遊戲，可以軍人的身份進入虛擬的戰場環境，玩起來不僅精彩刺激，身臨其境，而且有很強的驚險感和驚喜感，符合青年人的「天然」興趣。

　　二是效益高，效果好。雖然開發一款軍事電子遊戲軟體造價不菲，但應用軍事電子遊戲開展軍事訓練與傳統的軍事訓練方法相比，具有明顯的軍事效益優勢和經濟效益優勢。外軍統計顯示，使用飛行模擬遊戲訓練的飛行員，其費用僅為現場實際飛行訓練的 1/70。

　　三是在軍事領域具有廣泛的應用前景。自從 1980 年代問世以來，軍事遊戲發展非常迅速。類比軍事活動內容從簡單到複雜、從單兵到班組、從分隊到部隊、從輕武器到重武器、從戰術到戰役、從軍種作戰到聯合作戰，新款軍事電子遊戲一代又一代地不斷湧現。《三角洲部隊》等軍事電子遊戲已經被美、英等國指定為軍事院校的培訓教材，有的成為指揮軍官的「必修

課」。正因為軍事遊戲的這些優勢，使其在軍事領域有著非常廣泛的應用前景，達到了軍事訓練較低投入而戰鬥力產出較高的目的，使得軍事訓練領域發生了重大變革，最突出的表現就是減少了訓練和實戰中的傷亡。傳統的軍事演習，必須要實彈打靶，一枚普通炮彈幾百元，一枚彈道導彈則需要數千萬元，不僅耗費巨額軍費，還可能造成意外傷亡。在軍事電子遊戲中演習，成本是實彈演習幾百分之一，且是零傷亡。

2010 年 3 月 10 日，美軍聯合部隊司令部司令詹姆斯・馬蒂斯上將宣佈，美軍將建立視頻遊戲訓練系統，以通過更加真實的模擬訓練，來提升士兵們的技戰術水平，減少戰場傷亡。他說：「我經歷過多場戰鬥，我敢說一半傷亡源於愚蠢的錯誤。如果我們讓他們參加模擬訓練，他們就不只會一種攻克敵人據點的方法，而是會 5 種不同的方法。」

事實證明，美軍利用軍事遊戲訓練獲得了成功。2003 年伊拉克戰爭爆發前，美軍秘密開發了一款依照巴格達特徵類比的電腦遊戲，對官兵進行有針對性的訓練。戰後統計結果顯示，被派遣到伊拉克執行任務的人員中，未參加過該遊戲訓練的人員首次執行任務生存概率只有 60%，而接受過遊戲訓練的人員生存概率提高到 90%。

軍事遊戲高深莫測、難以掌握嗎？讓事實告訴我們答案。美國國防部曾經對美軍第一個數位化師的新兵訓練情況做過調查，結果發現 40% 的新兵僅用兩個月時間就熟練掌握了該師複雜的數位化主戰裝備。當問其原因，新兵們回答：「操作這些資訊化的武器裝備跟他們入伍前玩的遊戲差不多。」

在伊拉克戰爭中，美軍和其盟軍還非常注意在緊張的戰爭環境中，為官兵們營造玩軍事遊戲的條件，讓官兵們通過玩軍事遊戲來緩解壓力、減輕疲勞。

在一般人看來，電子遊戲僅僅是一種休閒娛樂活動，但在軍事專家眼中它已悄悄引發一場軍事革命。如今，只要通過一台電腦與互聯網連接，士兵們無論處在世界任何角落，都可以隨時與其他地方士兵一起利用軍事電子遊戲參加軍事訓練。

這看似普普通通的電子遊戲，其實背後卻是殘酷的現實版的戰爭，軍事

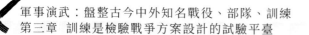

遊戲並非「遊戲」，而是利用電子遊戲掀起的一場戰爭革命！

【案例評析】

　　軍事遊戲並非「遊戲」，而是軍事訓練領域的一次重大變革。《光榮使命》是中國首款大型網路軍事遊戲，具有鮮明的中國軍隊特色，被行業專家譽為「軍事遊戲的一個突破，遊戲產業的一個創舉」。《光榮使命》是檢驗戰爭方案設計是否正確合理的試驗平臺，能夠使官兵們在虛擬的訓練和戰鬥環境中增長見識、提高膽識、錘煉軍事素質和心理素質。軍事遊戲實現了軍事訓練投入降低而戰鬥力產出提高的目的，在軍事領域有著非常廣泛的應用前景。

案例五　阿拉曼的蒙哥馬利子爵

　　阿拉曼，位於埃及北部，是第二次世界大戰北非地區的主戰場。1942年10月底至11月初，英國軍隊在此給德意聯軍以沉重打擊，史稱阿拉曼戰役。

　　那是1942年10月23日夜，英軍首先發起進攻，最先實施的是炮火準備，英軍集中1000門野戰炮和中型火炮對阿拉曼地區的德軍實施猛烈的炮火攻擊，隨後步兵向敵前沿陣地發起進攻。在主攻方向，第30軍右翼澳大利亞第9師和英國第51師、中路紐西蘭師和南非第1師，起初進展順利，突破敵前沿後迅速在雷區為後續裝甲部隊開闢通路；左翼印度第4師遭德軍頑強抵抗，進攻受阻。24日凌晨2時，第10軍第1、第10裝甲師奉命從正在開闢通路的雷區進入戰鬥，當日僅第1裝甲師的個別部隊通過雷區。25日凌晨，紐西蘭師在雷區開闢通路後，向西南方向逼近，遭到德軍第15裝甲師反擊。

　　26日，澳大利亞第9師在戰線北端攻佔德軍部分陣地後向海岸推進，威脅德軍第164師側後，並擊退德軍第15裝甲師的反擊。在助攻方向，第13軍對德軍防線南段發起衝擊，通過第一道雷區後被德軍火力所阻。隆美爾在判明英軍主攻方向後，開始將第21裝甲師調往北線，數日激戰導致雙方損失慘重，英軍不得已於27日暫停進攻。同日，義大利向非洲運送燃料的油輪全部被英國海、空軍擊沉，致使德軍裝甲部隊無法組織大規模反擊。

　　29日，澳大利亞第9師和英國第9裝甲旅向海岸推進，被德軍擊退。由南線調來的德軍主力第21裝甲師向北部沿海機動，企圖阻滯英軍沿公路西進。英軍據此改變計畫，決心對腰子嶺以北德軍防禦薄弱部位實施縱深突破。

　　31日，澳大利亞第9師進抵沿海地區，切斷德軍第164師退路。德軍第21裝甲師、第90輕型裝甲師組織反擊，但沒有成效。至此，德意聯軍坦克僅剩200餘輛，而英軍在戰線北段尚有800餘輛坦克沒有投入戰鬥。

　　11月2日凌晨，英軍發起新的進攻，經過炮火準備過後，第151、第152步兵旅和第9裝甲旅發起衝擊，遭到德軍頑強抵抗。第1裝甲師隨即投

入戰鬥，次日夜從德軍第 15、第 21 裝甲師防線結合部實現突破。

4 日晨，第 10、第 7 裝甲師和印度第 4 師從突破口向縱深發起進攻。德軍第 15、第 21 裝甲師餘部實施反擊，但大部坦克遭空襲而被擊毀。在沿海地區的德軍第 164 師餘部，則被澳大利亞第 9 師殲滅。隆美爾命令德意聯軍全線撤退。6 日，英軍因雨停止追擊，阿拉曼戰役至此結束。

阿拉曼戰役以英軍為首的同盟國勝利告終，扭轉了北非戰場的格局，成為法西斯軍隊在北非覆滅的開端。此後，德意志法西斯軍隊開始在北非地區節節敗退，直至1943 年 5 月被完全逐出非洲。此次戰役，英軍以其海空優勢，封鎖和破壞對方後勤補給線，使德軍難於在沙漠地區機動兵力和持久作戰。英軍根據地形、敵情及時改變部署，集中優勢兵力，實施正面進攻，以德意步兵陣地和有生力量為打擊重點，使德軍坦克部隊因缺乏步兵支援難以固守陣地只得退卻。而英軍的指揮官，伯納德·勞·蒙哥馬利，也因此獲得了「阿拉曼的蒙哥馬利子爵」的稱號。阿拉曼戰役的勝利，與蒙哥馬利得當的指揮和他對部隊的訓練密不可分。

蒙哥馬利是一個著名的訓練大師。無論是在參謀學院任教，還是在擔任師長或更高級職務之時，他都表現出一種組織訓練的卓越才能。他抓訓練系統規範，制訂詳細訓練計畫，循序漸進，效果明顯。正因如此，蒙哥馬利帶領的部隊都能訓練有素，戰鬥力很強。

蒙哥馬利特別重視官兵的體能訓練。他認為，戰場的勝利，是要害部位從上到下都處於完全健全的狀態。健全的精神來源於健全的體魄。所以，他不僅重視團隊士兵的體能訓練，而且重視機關參謀人員的體能訓練。他規定各司令部的全體參謀人員，每星期都必須抽一個下午進行一次七英里（約11.3 公里）長跑鍛煉。這一規定適用於 40 歲以下的人，無一例外。這一規定遭到許多軍官的反對，但儘管如此，他們還是全都照辦了。有些 40 歲以上的人也參加跑步，以增強體質。蒙哥馬利當時已 53 歲，照樣與大家一樣堅持長跑，後來在參謀長辛普森的勸告下，才改為快走七英里。

關於七英里長跑，還有一個有趣的故事。軍裡的一位胖上校去找醫生，說如果要他跑步，那就等於要他的命。於是，醫生帶著他去見蒙哥馬利，建

議讓他免了。蒙哥馬利問他是否真認為跑步就會讓他送命，那位上校問答說：「是的。」於是，蒙哥馬利就對他說，如果他現在就想到會死，不如現在就跑步。這樣他的職務就能容易而且順利地被人接替。如果軍官們在戰鬥打響、一切都是鬧哄哄的時候死去，那總是件麻煩事。結果，那位上校參加了跑步訓練，不僅沒有死去，而且活得更好。

蒙哥馬利不僅重視單兵戰術動作訓練，更重視綜合演習。在任第 5 軍軍長期間，蒙哥馬利制訂了一個周密的訓練計畫，其主要內容是：首先進行單兵或小組訓練，然後是模型演習和旅通信演習，最後是集體訓練。在集體訓練期間，每週至少舉行營和旅演習一次，每月至少舉行師野外實兵演習 1 次。在 1940 年 12 月，他就舉行了一次全軍規模的大演習。出席觀看演習的貴賓有 150 多人。布魯克作為英軍參謀總長觀看了演習，他對蒙哥馬利自如地指揮 3 萬人的大演習並能從中總結出教訓的軍事才能感到吃驚。蒙哥馬利在擔任第 12 軍軍長時，還搞了 3 次有重大影響的演習，即「醉漢演習」「大醉漢演習」「大大醉漢演習」，均取得了巨大的成功，再次顯示了他組織軍事訓練的奇特才能。在 1941 年一次名為「保險杠」的陸軍大演習中，蒙哥馬利擔任演習總裁判長，以檢驗敦克爾克撤退以來的訓練效果。另外，他在任東南軍區司令時搞的「猛虎演習」是他軍事訓練的傑作。一系列的綜合演習，提高了部隊的訓練水平和作戰能力，為奪取作戰勝利奠定了良好基礎。

在非洲戰場上，蒙哥馬利要求第 5 軍利用停戰、休戰時機進行艱苦頑強的軍事訓練。他在《回憶錄》中寫道：「我命令第 5 軍進行艱苦頑強的訓練。訓練必須在各種各樣的天氣和氣候下進行，無論是好天氣還是壞天氣，無論是白天還是黑夜，我軍必須比德軍善戰。如果德軍只善於在好天氣和白天作戰，那麼我們就應該在任何天氣，在白天黑夜都能發揮最大的效率。這樣我們才能打敗他們。我們的所有訓練，必須向高水平發展；所有演習都必須根據一切可以想像得到的方式進行。」他用萬無一失的原則來檢驗他的部隊。任何一級軍官，不論是團隊的，還是參謀機構的，只要不能經受緊張和艱苦的生活，或表現得厭倦無力，都必須免職。軍官的妻子必須離開可能遭到入侵的海岸地區，因為一旦遭到攻擊，軍人就會情不自禁地首先考慮到家屬的安全，從而忽視自己的戰鬥任務。

在北非戰場上，鑒於隆美爾防禦工事的性質，訓練中最重要的訓練項目是掃雷分隊的訓練。這項訓練是在第 8 集團軍工程指揮官基希準將的監督下進行的。他挑選英國陸軍工兵第 3 連連長彼得‧莫爾少校來負責訓練工作。但蒙哥馬利密切地注視著部隊的訓練情況，感到儘管訓練在緊張地進行著，但部隊的訓練水平，特別是裝甲部隊的訓練水平，還不足以進行乾淨俐落的突破，並在坦克大決戰中取得優勢。由於沒有達到訓練標準，分配給各師的任務可能會以失敗告終。因此，蒙哥馬利不得不重新考慮他的作戰計畫，他放棄了第一個「輕步」計畫，而提出一個基於完全不同原則的計畫 (代號仍為「輕步」)。他說：「過去一般公認的原則是，現代戰役計畫應當首先著眼於消滅敵人的裝甲部隊，一旦這個任務完成了，敵人的非裝甲部隊就更容易對付。我決定把這個原則顛倒過來，先消滅敵人的非裝甲部隊。在這樣做的時候，我暫不打他的裝甲師，留待以後再收拾它們。」他準備讓坦克屏護隊向前推進，堵住敵地雷場通道的西部出口，而用「粉碎性」打法有條不紊地消滅敵防區內的步兵。敵裝甲部隊不可能眼巴巴地看著非裝甲部隊被逐步消滅而按兵不動。為了順利實施這項作戰計畫，蒙哥馬利要求部隊進行嚴格而周密的訓練，加大訓練力度，提高部隊戰場適應力和戰鬥力。阿拉曼戰役的勝利，最終也證明瞭蒙哥馬利的軍事訓練卓有成效。

【案例評析】

蒙哥馬利將軍，在第二次世界大戰北非戰場上，以指揮阿拉曼戰役獲勝而著稱於世，被封為「阿拉曼的蒙哥馬利子爵」。蒙哥馬利最為人稱道的是他的訓練才能，他不僅重視單兵戰術動作訓練，訓練系統嚴格，也重視開展各種規模的綜合演練實際練兵，努力提高部隊的訓練水平和戰鬥力。正是這一系列穩紮穩打、精心刻苦的「排練」，檢驗了戰爭方案設計是否正確合理，為奪取戰爭勝利奠定了堅實的基礎，阿拉曼戰役的勝利，與他重視部隊的訓練密切相關。

案例六　漢匈百年戰爭中的騎兵

中國歷史上，曾發生過一場罕見的百年大戰——西漢匈奴戰爭。匈奴，先秦時是中國北方的少數民族，稱戎、狄或胡，到西漢時期，已發展成為囊括相當於今內蒙古、新疆、蒙古國和西伯利亞部分地區的奴隸制大帝國了。西漢初年，匈奴貴族趁秦末、漢初連年內戰之機，屢屢侵犯晉北、察南、遼東、隴右，甚至威脅漢都長安，西漢面臨著生死存亡的挑戰。

漢高祖劉邦得天下後，挾打天下全勝的餘威而「御駕親征」，不料在山西平城 (今大同) 以東的白登山，被匈奴數十萬騎兵，圍困七晝夜。

白登 (平城) 戰役後，漢朝輸掉的是勇氣和士氣，匈奴軍則得到的是政治上的「和親」、經濟上的「歲奉」。此後的六七十年中，西漢年年「和親」進貢，仍多次受侵犯。為什麼發達的農業帝國，擁有經濟、政治、文化等優勢，總兵力也多，又有豐富的作戰經驗，卻屢敗於匈奴之手呢？主要原因是西漢沒有一支強大的騎兵軍隊。的確，在野戰中，寬廣的草原上，步兵是無法將大規模的騎兵集團圍殲的。

當我們翻閱中古史料時，腦海中總會油然浮現出馳騁戰場的騎兵軍團的影子。精銳的騎兵軍團在中國、西伯利亞、東歐乃至西歐廣袤大地上所向披靡。在冷兵器主宰戰場的中古時代，行動快捷、衝擊力強的騎兵軍團，是挽狂瀾於既倒，克敵制勝的決定因素。對於剛建立的大漢朝來說，騎兵力量相對薄弱，以此來應對兇悍的匈奴鐵騎，答案可想而知。

漢文帝十一年 (西元前 169 年)，匈奴再次大舉南侵。擔任太子家令 (太子宮總管) 的晁錯，三次上書，提出反擊匈奴的戰略設計。晁錯詳細分析了匈奴的優勢：首先，上山下坡、出入溪澗，漢軍的馬不如匈奴。其次，險道傾仄，且騎且射，漢軍的騎兵作戰訓練不如匈奴。匈奴擁有騎兵優勢，而漢軍缺馬，連將相有時也只能乘牛車；匈奴逐水草而居，全民皆兵。同時，晁錯也指出了漢朝當時鐵器先進，軍隊裝備的「堅甲利刃」、弓弩、各種兵器長短相雜；步兵熟練的陣法訓練等優勢。因此，他得出的揚長避短的結論是：轉化力量對比關鍵在騎兵。並且他還建議廣開財源，發展經濟，鼓勵民間養馬，提出「養馬一匹可更卒三人」的政策。晁錯的建議為漢武帝進行大規模

的戰略反攻，創建了雄厚的資源。

首先是設立了若干個「苑」，所謂「苑」就是騎兵訓練基地。「苑」在先秦時稱「囿」，主要是指國防需要的養馬場和射獵演習場。從文、景帝起，逐步在對匈奴作戰前線郡、縣建立起 36 個騎兵訓練基地。到武帝時，加上皇家上林苑，已養馬達 40 萬匹，達到了同匈奴騎兵軍團勢均力敵的水平。

在有了訓練基地的基礎上，就是訓練好騎兵軍團，這是戰略全局中的頭等大事。西漢經六七十年的臥薪嘗膽、艱苦創業，竭力擴大馬源。除官家養馬和鼓勵民間養馬外，還曾遠征大宛，引進那裡的良種馬。大宛馬稱汗血馬或天馬，能日行千里，很適合改良騎兵戰馬品種。有了良馬，並不意味著提高了戰鬥力，關鍵的關鍵是把士兵和良馬結合起來形成整體作戰能力，真正發揮騎兵的快速打擊作用。為此，設置了專管馬政和訓練的官員，同時也重視向匈奴人學習騎射技術。

幾十年內，根據晁錯的戰略設計，漢朝在經濟上儲備了雄厚的力量；在政治上平定了內亂，加強了中央集權；在軍事上強化了北部邊防，騎兵軍團的實力已達到了同匈奴勢均力敵的水平。加上強大的輕車步兵和雄厚的支援力量，以及幾十年來屈辱忍讓所蘊蓄的士氣，已經具備了兩雄決戰的戰略優勢。

以漢武帝發動的馬邑之戰為起點，這場百年戰爭進入戰略反攻階段。其中會戰近 20 次，經過決定會戰命運的漠南戰役、河西戰役、漠北戰役後，西漢對匈奴的戰爭，轉入爭取全勝的階段。

【案例評析】

「明犯強漢者，雖遠必誅！」是西漢名將陳湯在呈給漢元帝奏疏中的一句揚眉吐氣、千古流傳的名言。至今讀來，仍能感受到煌煌漢風，烈烈漢威！西漢晁錯根據敵我雙方的實際情況，對作戰中的利害關係進行認真分析籌畫，提出反擊匈奴的戰略設計，進而有針對性地展開相應訓練。通過建設騎兵訓練基地、設置專管馬政和訓練的官員等切實可行的措施，漢軍騎兵的戰鬥力大大提高，形成兩雄決戰的戰略優勢，並最終取得戰爭的全面勝利。

案例七　破解英軍馬島戰爭勝利之謎

　　1982 年 4 月，英國與阿根廷為爭奪福克蘭群島的歸屬，進行了一場現代化程度較高的戰爭。交戰雙方使用了當時最先進的常規武器和電子通信、偵察、干擾裝備，因此成為各國軍事家潛心研究的重大戰例，這場戰爭以英國獲勝、阿根廷戰敗而告終。為什麼不遠萬里跨越大洋勞師遠襲的英國軍隊打敗了就在家門口作戰的阿根廷？

　　這一場範圍小時間短的典型局部戰爭，作戰形式豐富多彩，成為軍事家研究現代化戰爭的寶貴財富。尤其是一支實力雖然較弱，卻掌握著主動先機，並擁有天時、地利、人和等諸多有利條件的軍隊，卻以勝利開始，失敗告終，其中的原因耐人尋味。很多軍事專家經過分析後認為：是役，英軍在戰略決策、軍事訓練、戰爭動員諸方面都遠遠超過阿根廷軍隊，阿根廷的失敗在情理之中。

　　在軍事訓練方面，英國雖然倉促應戰，而且連年壓縮軍費，使軍事力量受到一定削弱，但其戰爭準備卻勝一籌，因為軍隊戰備水平較高，武器裝備維護保養較好，通常有 60% 的軍艦能立即投入作戰，有 1/3 的潛艇處於隨時出航狀態，參戰的 6 艘潛艇中的 5 艘在接到起航命令後的 24 小時內就完成了一系列複雜的備戰備航，迅速出航最先到達馬島，為英國實施海上封鎖贏得了 10 天的時間。

　　各種作戰物資儲備不僅嚴格按照北約統一的要求，還有一定的超額儲備，完全可以應付各種突發事件，而且在各主要軍港附近都有儲備，使特混艦隊可在不同地點就近補充，然後分頭起航，在指定海域集結，保證了艦隊迅速出動。

　　英軍是一支常備職業軍，「二戰」後還參加過朝鮮戰爭、中東戰爭等局部戰爭，很多軍官具有實戰經驗，官兵訓練有素，在北約年度軍事演習中，常有上乘表現。在馬島戰爭中表現突出的海軍陸戰隊和傘兵部隊，每年有 3 個月是在與馬島氣象地形相似的挪威北部嚴寒地帶進行訓練，地面部隊中還有曾在「二戰」阿拉曼戰役中大敗德軍而名揚天下的蘇格蘭禁衛軍，以及赫赫有名的廓爾喀營 (因士兵都是招募的尼泊爾廓爾喀人而得名)，廓爾喀人

以吃苦耐勞、驍勇善戰而聞名，人人身佩廓爾喀彎刀，「二戰」中他們曾以這種鋒利的彎刀和兇悍的刀法將橫行東南亞的日軍殺得潰不成軍，戰鬥力相當強。無論空軍還是海軍飛行員都是經驗豐富的老手，加上所裝備的「鷂式」和「海鷂」垂直起降戰鬥機性能優異，又使用美製 AIM-9L「響尾蛇」全向攻擊空對空導彈，取得了 20：0 的空戰勝利記錄。再如在難度較高的空中加油中，英軍總共進行了 600 多次空中加油，僅有 6 次失敗，而且沒有因空中加油失敗而損失飛機，其軍隊的作戰素質之高可見一斑。

參戰部隊還在 1.3 萬公里行程中「邊行進、邊訓練」，如在空間狹小的船上進行負重跑，以保持體力，20 餘天的航行途中從未中斷，因此在作戰中英軍士兵負重 55 公斤，經 50 公里徒步行軍無一掉隊；還在白天進行蒙眼訓練，以掌握夜戰技巧；考慮到阿軍飛機多是法國裝備的特點，特別請求法軍出動「幻影」和「超級軍旗」，在航行途中多次進行對抗空戰和模擬攻擊演練，以熟悉阿軍飛機性能；當艦隊到達阿森松島後，對所有武器進行了實彈校射；還在地形近似馬島的海灘進行了換乘和搶灘登陸演練。指揮體制採取「委託式指揮」，戰時內閣負責戰略決策，戰區指揮由前敵指揮全權處置。特混艦隊司令伍德沃德海軍少將，既有基層單位指揮經驗，又有指揮機關工作經歷，航海經驗豐富，熟悉各種武器裝備性能，戰術指揮正確果斷；第五步兵旅旅長摩爾準將，具有較高的戰術素養，以敏銳的軍人直覺，未經批准果斷在希拉夫灣實施登陸，更顯大將之風。

最值得大書特書的就是參戰的商船。英國有專門法律規定，可在戰時徵用所有國有企業船隻，並與私營企業簽有戰時徵用船隻的合同。國防部有戰時徵用船隻的應急方案，每艘船都有改建預案，並對船隻定期檢查，隨時掌握船隻狀況。所有商船的船長都是英國海軍的退役軍官，高級船員定期接受軍訓，普通船員也經常接受戰時服役的教育和訓練，這樣商船隊實際上就是英國的「第二海軍」，徵用命令下達後，海軍造船廠日夜開工，在港船隻48 小時之內就完成了改裝，正在海上的船隻立即開赴就近港口卸貨，用直升機將改裝工程的技術人員和原材料運上船，邊航行邊改裝。如正在搭載近千學生在地中海旅遊的「烏干達」號客輪，接到命令後立即駛往最近的港口義大利那不勒斯，學生下船乘坐英國政府租用的飛機回國，「烏干達」號則

駛往直布羅陀，三天後就改裝成一艘擁有 1200 床位的醫院船。戰爭中英國共徵用本國船隻 56 艘，總噸位 67.3 萬噸，佔英軍後勤支援船隻的 77%。動員的規模之大，數量之巨，種類之多，效率之高，堪稱奇跡！

　　正是憑藉著現役艦船和商船充分的戰前訓練，英國一舉扭轉了開戰初期的被動。在最驚心動魄的登陸作戰階段，英軍的表現更是可圈可點。

　　首先英軍通過奪取制空權、制海權和制電磁權，有效實施海空封鎖，孤立馬島阿軍。其次，以海空兵力實施火力突擊，削弱其抗登陸力量，同時以特種部隊小規模進攻試探阿軍防禦弱點，選擇阿軍防禦薄弱的北部聖卡洛斯為登陸地點。然後為保障登陸成功，一方面採取聲東擊西的佯動欺騙，登陸前以艦炮和飛機不斷轟擊馬島南部，特種部隊也積極活動，登陸的同時英軍 2 艘航母駛向馬島南部海域，這些行動確實牽制欺騙了阿軍；另一方面以特種部隊在艦炮火力支援下對佩布林島阿軍機場和雷達站實施突襲，肅清登陸障礙。在先期上島的特種部隊配合接應下登陸部隊保持著嚴格的無線電沉默，特意選擇不良氣象，達成登陸的隱蔽突然性；登陸時英軍採取立體多點上陸，部隊由直升機、登陸艇、水陸兩棲登陸車運送上岸，坦克、自行火炮等履帶車輛泅渡上岸，火炮、導彈等重裝備則用直升機吊運上岸，大大提高了上陸速度和效率，隨後立即展開防空導彈和高炮，並迅速用鋼板鋪設「鷂式」起降場，形成完整的防空火力配系。4 小時之內就有 2800 人上岸，建立起 25 平方公里的登陸場，為戰爭勝利奠定了堅實基礎。

【案例評析】

　　馬島戰爭，英國遠涉重洋、勞師遠征，取得了勝利；阿根廷在家門口作戰，佔盡天時、地利、人和，卻從勝利開始，以失敗告終。英軍取勝，是勝在其正確的戰略決策、嚴格的軍事訓練等方面。在戰略決策方面，英軍決策力先聲奪人，戰爭準備富於效率：在組建艦隊、徵召民船、外交努力等方面走到了阿根廷的前面，奠定了勝利的基礎。在軍事訓練方面，英軍士兵都有著很好的軍事素質，而且通過「邊行進、邊訓練」保持旺盛的戰鬥力。每年還指定一些商船參加軍訓，以適應戰時改編的需要。正是憑藉著現役艦船和商船充分的戰前訓練，英國一舉扭轉了開戰初期的被動，並取得戰爭的最終勝利。

案例八 「二戰」中的「霸王行動」

　　茫茫夜空，星光暗淡。突然，伴隨著陣陣轟鳴，夜空中「砰」地綻開了漫天傘花，傘兵如神兵從天而降……看過描寫諾曼地登陸戰役的電影《最長的一天》的人都會記得這樣的鏡頭。聲勢浩大的諾曼底登陸戰役給世人留下了深刻的印象，在第二次世界大戰史上留下了濃重的一筆。

　　1944 年，德軍在東歐的戰線幾近全面崩潰，在蘇軍反攻的矛頭直指法西斯德國的老巢柏林的時候，盟軍當局開始著手在法國北部諾曼地登陸，開闢第二戰場。由此拉開了第二次世界大戰中戰略性的登陸作戰——「霸王行動」的序幕。

　　其實在確定了「霸王行動」的方案之後，還有一個擺在盟軍最高司令艾森豪面前的難題，那就是登陸日的選擇。根據氣象專家的建議，艾森豪原先選定在 6 月 5 日。然而 6 月 3 日和 4 日英吉利海峽狂風暴雨，艾森豪決定把攻擊行動順延 24 小時，即 6 月 6 日開始。但在 6 月 4 日晚又接到報告：從 6 月 5 日夜間開始，天氣可能突然短暫變好，到 6 月 6 日夜間，很快又要變壞。身為統帥的艾森豪面臨著艱難的抉擇：是於 6 月 6 日行動，還是繼續延期？如果發起登陸，第一梯隊登陸後後續部隊可能會因天氣惡劣而無法登陸，那麼上岸的部隊將會陷入孤立無援的境地；如果取消登陸，那麼只有等到兩星期後的 6 月 18 日才有合適的潮汐和月光，這樣一來會使士氣下降，部隊組織混亂，更重要的是秘密將無法保守。艾森豪徵求司令部其他成員的意見，參謀長史密斯認為：「這是一場賭博，但這可能是一場最好的賭博。」大家也一致認為要在 6 月 6 日登陸。最後，艾森豪終於下定決心，做出了他一生中最重要的一個決定，「霸王行動」將按計劃在 6 月 6 日實施。艾森豪後來在自己的回憶錄中寫道，下達登陸作戰的命令之後，他同時擬定了兩份電報，一份準備登陸成功時祝賀用，另一份則準備一旦出現被迫撤退時向報界發表公告。不過幸運的是，他最終贏得了這場賭博。

　　諾曼地登陸是有史以來規模最大的兩棲登陸戰役。為實施這一大規模戰役，盟軍共集結了多達 288 萬人的部隊，其中陸軍共 36 個師，包括 23 個步兵師，10 個裝甲師，3 個傘兵師，約 153 萬人；海軍投入作戰的軍艦約

5300 艘，其中戰鬥艦只約 1200 艘，登陸艦艇 4126 艘，還有 5000 餘艘運輸船；空軍作戰飛機 13700 架，其中轟炸機 5800 架，戰鬥機 4900 架，運輸機滑翔機 3000 架。整個登陸作戰大體上經歷了兩個階段：第一階段為突擊上陸。6 月 6 日凌晨，盟軍空降部隊開始在登陸灘頭兩側距海岸 10 至 15 公里的地方進行縱深空降作戰，以配合海上登陸。6 時 30 分盟軍登陸部隊分為 5 個編隊在不同海灘登陸，經過激戰，到 6 月 12 日，在 80 公里的正面建立了縱深約 10~15 公里的灘頭陣地，並同時輸送了 32.6 萬名士兵，5.4 萬台車輛和 10.4 萬噸物資上陸。第二階段為鞏固與擴大登陸場。從 6 月 12 日到 7 月 24 日，盟軍按預定計劃向內陸發展，佔領並鞏固了正面寬 100 公里，縱深 30 至 40 公里的登陸場，取得了供大規模裝甲部隊展開進攻的出發陣地，並陸續上陸 25 個師，共 100 萬人，56.7 萬噸物資，17.2 萬部車輛，基本上保證了為展開陸上進攻而集聚兵力與物資的需要，完成了大規模地面總攻的準備，為收復西歐奠定了堅實的基礎。此次登陸戰役，美、英軍傷亡 12.2 萬人，德軍傷亡和被俘 11.4 萬人。

諾曼地登陸戰役的勝利，宣告了盟軍在歐洲大陸第二戰場的開闢，意味著法西斯德國陷入兩面作戰、腹背受敵的困境，使第二次世界大戰的戰略態勢發生了根本性變化，對加速法西斯德國的崩潰起到了重要作用。史達林曾稱讚說：「這次行動按其計畫的周密、規模的宏大和實施的巧妙來說，在戰爭史上還沒有這樣的先例。」

盟軍在諾曼地登陸戰役取得勝利的主要原因除了成功地組織戰略欺騙、周密的戰前偵察、充足的物資準備、準確的氣象保障、絕對的制空制海權外，還與逼真的戰前訓練相關。由於登陸作戰是一種極為複雜的作戰樣式，盟軍在登陸前對參戰部隊進行了多次近似實戰的模擬演練，以使部隊儘快掌握相關的作戰技能，提高部隊戰鬥力。美軍在英國專門建立了一個訓練基地，選擇與美軍登陸灘頭地形相似的海灘，按照偵察到的德軍防禦工事設置雷區、反坦克壕、碉堡、鐵絲網、障礙物等，再設想出各種戰時可能發生的情況，組織部隊反復訓練。空降兵則首先按照計畫空降地區的地貌，造出一定比例的立體模型，並將類比飛機從上空飛過的實景拍成影片，讓空降兵熟悉空降地區，進行針對性訓練和演習。考慮到登陸部隊分別從空中和海上投

入作戰，不僅對部隊進行登陸戰例行的上船、航渡、換乘、突擊上陸等單項訓練，還特別加強了海、陸、空三軍的協同作戰演練。

此外，諾曼地登陸戰役的勝利，也與艾森豪一直以來奉行的立足實戰的軍事訓練有關。

要進行軍事訓練，以什麼作為檢驗的標準呢？艾森豪十分明確，那就是一切軍事訓練都要以實戰作為檢驗標準。也就是說，所有的軍事訓練，都要嚴格按照實戰要求來進行，同時，軍事訓練的效果如何，又必須經過實戰來檢驗。早在珍珠港事件爆發前，也就是美軍尚未介入第二次世界大戰時，艾森豪就主張部隊應儘量從實戰需求出發進行訓練，他說：「通過這種嚴格認真而且十分艱苦的訓練，使廣大官兵適應戰時需要，在體力與精神方面都能經受住嚴峻的考驗，同時通過訓練，淘汰一些不符合要求的官兵。」艾森豪威爾認為官兵戰前的立足實戰條件下的訓練十分重要，是保證勝利、減小傷亡的根本。對此他曾這樣論述：「應當承認有些事情可能從戰爭經驗中學到，非此別無他途。但是無論哪個司令官，如果他事先未能使一支部隊擁有它應該具備的特種技能、必要訓練和有用知識便把它投入戰鬥，就是對他統率士兵的極大的犯罪。充分的技術訓練、心理訓練和體質訓練，是一個國家在把它的士兵投入戰鬥之前所給予他們的一種保護和武器。有了這些武器，士兵也就有了高昂的士氣，部隊才能成為第一流的戰鬥部隊，也才會最大限度地增加勝利的機會和個人生存的可能。」隨著「二戰」的進行，艾森豪威爾領導下的美軍與法西斯進行了浴血奮戰，血與火的戰場不但檢驗了他們平時的訓練效果，也使艾森豪更進一步地認識到戰鬥前的準備是多麼的重要。他說：「戰備工作多一分，將來的犧牲和損失就會少一分。」

艾森豪還重視對軍官的訓練，他覺得不少軍官在和平時期往往表現很好，但到戰時卻大相徑庭，這就需要通過訓練來提高他們的戰時工作水平。艾森豪認為：「帶領一支部隊，尤其是人數眾多的大部隊，要達到高水平的訓練標準，所需要的精神力量和魄力都是巨大的，只有經過專業軍事訓練和具有毫不動搖的決心的人才能成功。」但是，當時不少軍官很難達到這一要求，有些軍官很有魄力，但沒有足夠的能力；有的雖有一定的能力，但又缺少魄力。對於這些不符合要求的軍官，艾森豪主張「淘汰得越早越好」，

絕不能對他們心慈手軟、網開一面。在赴倫敦就任歐洲戰區美軍司令後，針對派到歐洲來的許多美軍官缺少軍事訓練，吃不了苦這一現實情況，艾森豪制訂了嚴格的軍事訓練計畫，自己還經常深入野外，監督他們的軍事訓練。艾森豪的目的是在英國建成一支勇於投入戰場的、指揮員優秀的部隊，他們不僅有良好的紀律，而且具有強大的作戰能力。出於這一目的，艾森豪認為軍官的訓練標準要更高，才能抓好下面的訓練，才能擁有一支強大的部隊。在艾森豪的嚴格要求下，這些美軍部隊不僅精神面貌得到了很大的改觀，而且實戰能力尤其是在艱苦條件下打硬仗的能力有了大幅度的提高，不少官兵反映，他們的總司令領導水平高，軍事訓練抓得好，使他們這些從未上過戰場，對戰場心存畏懼的人丟下了包袱，減輕了壓力，同時自信心也大大增強。

【案例評析】

「平時多流汗，戰時少流血」是艾森豪將軍一直秉持的觀點，他奉行立足實戰的軍事訓練，認為充分的軍事訓練是士兵的生命保障和必要武器。在諾曼地登陸戰役中，他多次進行近似實戰的模擬演練、海陸空三軍的協同作戰演練，從實戰需求訓練部隊，提高部隊的戰鬥力。諾曼地登陸戰役的勝利，是對艾森豪將軍立足實戰的軍事訓練觀點最好的檢驗。諾曼地登陸戰役，是艾森豪將軍指揮的著名戰役之一，也是戰爭史上最有影響的登陸戰役之一。

案例九　虛擬實境亦真實

　　虛擬實境模擬訓練，就是綜合運用虛擬實境技術，在視覺、聽覺、觸覺等方面為受訓者生成一個極為逼真的未來戰爭虛擬環境，使受訓者最大限度地得到近似實戰化的訓練。

　　虛擬實境模擬，是外軍於 1990 年代開始興起並逐步推廣的一種新的現代類比訓練方式。目前，外軍的虛擬實境模擬已經進入實用化階段，廣泛運用於各軍兵種的單兵單裝訓練、作戰指揮訓練、戰役戰術訓練等各個層次。

　　例如，美軍從 1984 年開始研製的基於網路的分散式坦克訓練類比系統 SIMNET，將美國本土及歐洲的 10 個地區作戰環境置於系統之內，坦克手可以在模擬器中看到由電腦即時生成的戰場環境以及其他戰車圖像。又如 1991 年，美國為波斯灣戰役——東經 730 計畫的實施提供了一套供 M1A1 主戰坦克使用的戰場環境模擬系統，將伊拉克的沙漠環境用 3 幅大螢幕展現在參戰者面前，進行身臨其境的戰場研究。

　　荷蘭 1992 年完成的毒刺導彈訓練器 (VST) 是在頭盔顯示器內顯示空間動態立體場景，並帶有各種相應的音響效果，以訓練操作者攻擊直升機的機動能力和瞄準能力。

　　1997 年，由美國國防製圖局 (DMA，國家影像與製圖局 NIMA 的前身) 與 NASA 聯合研製的戰場環境模擬系統 PowerScene，成為自波黑戰爭以來美軍在歷次局部戰爭中 (包括阿富汗戰爭) 進行戰前演練和任務規劃的必備系統。目前，美軍建立了國家模擬中心和包括各軍種的 30 多個作戰實驗室，為美軍訓練和演習提供了近似實戰的模擬化訓練平臺。

　　從發達國家軍隊的虛擬實境模擬實踐看，虛擬實境模擬可以最大限度地營造逼真的戰場景況，模擬未來戰爭的各種可能情況，使受訓者最大限度地貼近實戰鍛煉；可以為受訓者提供各種困境、危境、絕境等高危境況，全面模擬演練各種高危險性的行動，提高處理各種危險突發事件的能力。美軍虛擬實境模擬的實踐經驗非常豐富，並已經具備運用虛擬實境模擬直接為實戰和戰爭服務的水平。

　　俄軍在虛擬實境模擬訓練方面有較多的實踐經驗。據外電報導，在2002年10月莫斯科人質恐怖事件中，俄反恐特種部隊「阿爾法」小組在發起營救人質行動之前，專門運用虛擬實境技術，將莫斯科軸承廠文化宮的設計藍圖轉換成三維佈局圖，「阿爾法」小組特種隊員可以隨意「進入」虛擬的文化宮「摸索」路線和「熟悉」環境，並多次類比演練了施放化學氣體的可靠方法和可能產生的後果。事實證明，虛擬實境模擬為解決這次人質恐怖事件發揮了舉足輕重的作用。

　　外軍的實踐充分表明，虛擬實境模擬以其獨有的逼真性和實戰性，達到了使參訓者在虛擬環境中體驗戰爭和學習戰爭，並在虛擬環境中認識戰爭和把握戰爭。以往那種「軍事家是打出來的，而不是訓出來的」的觀念，將被虛擬實境模擬所否定。

　　1980年代初，中共開始引進美國的電腦作戰類比技術。當時，由於電腦硬軟體功能有限，主要採用西方1970年代以前的「蘭徹斯特法則」「指數法」「蒙地卡羅方法」，來推算營連以上單位的戰場損耗。這些方法一直沿用，至今仍是共軍各級作戰類比構建數學模型的主要基礎。這些方法屬於經驗數學公式，需要依靠大量的實戰資料積累，使類比結果接近真實。然而，由於共軍歷史上缺乏定量分析的傳統和統計體系，缺少實戰資料作為作戰模擬的客觀依託，所以模擬出的結果可信度不高，作戰模擬並沒有在共軍的作戰和訓練中紮下根；在很大程度上帶有「演示性」「作業性」「技術性」，主要在演習訓練中起「裝點」作用，沒有太多的實戰應用價值。

　　隨著高新技術廣泛應用於軍事，軍隊的作戰指揮、作戰方式將發生重大的變化，要求共軍指揮系統必須具有指揮、協調、控制多軍兵種在擴大的戰場上快速有效地進行聯合作戰的能力。平時，可運用作戰類比系統進行軍事訓練，主要對高、中、低級指揮員及其機關的指揮、謀略、決策水平進行研究；單兵技術水平的訓練等。戰時，它可以為指揮員提供更精確的決策依據，提供更高級的「預測」能力，使指揮員可以爭取更多的時間，不失時機地指揮部隊行動。根據共軍作戰類比現狀和發展趨勢，可以預想各軍、兵種自成體系將自下而上地建立一個具有層次結構的作戰模型系統。各層次的模型之間，其資訊的溝通形式是上一層的模型為下一層類比提供標準的想定，而下

一層模擬的結果又作為上一層模型的輸入，或將下一層類比模型的某一部分作為上層類比模型中的某一模組。

與此同時，為作戰類比技術服務的支撐技術必將有較大突破。近年來，運用多媒體技術支援下的推演，對戰場環境、圖像、動畫、音響處理進行逼真的動態顯示，形成身臨其境的氛圍，使訓練過程在各種假定場景中進行，結果顯示也更為直觀，從而為決策者提供更好的服務。此外，功能更強並具有更大靈活性的微機和更先進的圖形、圖像技術將伴隨作戰類比的需求不斷高速發展。

在今後一段時間內，全面戰爭的可能性不大，戰爭的主要類型是局部戰爭。因此，在作戰模擬領域內，戰區級類比系統將是開發的重點。該級別模擬範圍涉及陸、海、空、天、電多維空間，戰役作戰持續時間長。該級別模擬還會涉及高技術條件下作戰的各種兵力、兵器。作戰行動的描述除了雙方交戰的毀傷外，特別強調重視後勤、指揮控制等作戰環節的描述，並根據中、長期規劃的需要與優化模型相結合。這樣必須要很好解決兩個問題，一是從軍事角度如何把各軍、兵種作戰類比系統和作戰模型自下而上篩選、匯攏、綜合集成；二是從技術角度如何把低層次高解析度的類比結果輸入高層次作戰模型後，再通過一些簡易的分析手段最終得到高層次模型的輸出，這是建立全軍自下而上「金字塔」式作戰類比系統至關重要的問題。不難想像，隨著國家、軍隊現代化程度的提高，未來在高層次的決策活動中，定性與定量相結合的研究式的對抗模擬的方法和手段將得到大力推廣。這是因為，國家與軍隊一些重大的戰略分析與規劃，比如目標與國防戰略研究、軍事戰略與作戰方針研究和武裝力量的結構規劃等這些國家軍事長期發展規劃和戰略決策過程採用作戰模擬技術與方法，是一個必不可少的環節。對於這些高層次的決策，宜多採用人工智慧和專家系統。人工智慧技術必須改變以往認為用幾個推理定律，再加上強大的電腦就會產生專家和超人的性能這一主導作用的信念。當前，應注重把人的心智與機器的智慧結合起來，發展人機結合和人機一體化的系統，利用電腦硬、軟體系統來幫助完成一些工作，並進行快速的資訊處理。同時，也應重視建立相應的歷史資料庫對有關模型進行驗證。

有理由相信，隨著多媒體網路技術的飛速發展，電腦硬軟體功能的大幅度提高，未來的虛擬實境訓練將在更微觀的層次得到展現。今天，一台個人電腦的能力超過了 1980 年代初的大型機，可以在視覺聽覺上逼真地類比各種戰場景況，同時把作戰模擬的最低一級由營連降到單車、單炮、單兵，把以前用經驗數學公式推算損耗，變為直接由最小作戰單位按照技術戰術標準的對抗結果提供損耗。

【案例評析】

當前世界許多國家軍隊正在掀起以類比化為標誌的第二次訓練革命，其核心要旨就是充分運用以電腦為核心的現代類比訓練方式把訓練推向實戰化。虛擬實境模擬訓練以其獨有的逼真性和實戰性，打破了以往那種「軍事家是打出來的，而不是訓出來的」的觀念，使受訓者最大限度地得到近似實戰的訓練。我們有理由相信，隨著共軍現代化程度的提高，未來的虛擬實境訓練將在更微觀、更全面的領域廣泛開展，將引發軍事訓練觀念、訓練理論、訓練手段、訓練方式以及訓練內容等一系列深刻變革。

案例十 「烏干達夜航」計畫

1976 年 6 月 27 日，星期日，義大利半島上空，湛藍的天空中飄遊著一葉「扁舟」。

這是一架 A-300「空中巴士」大型噴氣式民航客機——法航 139 航班，是往返特拉維夫—雅典—巴黎的固定航班。139 航班於 27 日淩晨從以色列特拉維夫東南 10 公里的古里安機場起飛，3 小時後在雅典短暫著陸小憩，此時正在飛往巴黎途中。剛剛用過午餐的乘客或低聲私語，或休息，或是透過舷窗俯瞰著義大利半島波濤疊翠的海面和蜿蜒曲折的海岸線。機艙內揚聲器迴響著空中小姐用英、法和希伯來語連續廣播的柔美聲音。但機上的乘客誰也不會注意到，飛機在雅典著陸時，有 4 名新乘客中途登機了，包括三男一女。正是這 4 個人，把這架飛機從湛藍的天空帶進了命懸一線的地獄。

從雅典起飛 20 分鐘後，飛機駕駛員經過一連串熟練的操作，139 航班在自動駕駛儀控制下，改入平飛，駕駛艙裡的氣氛輕鬆了不少。但就在此時，隨著「砰」的一聲響，駕駛艙的門被頂開了，一支柯爾特式自動手槍從後面頂住了正駕駛巴科的頭：「降低高度，航向 130 度，轉飛利比亞班加西機場！」

139 航班被劫持了！劫匪的命令和黑洞洞的槍口一樣冰冷。

此時，這架潔白的「空中巴士」除了服從，已經別無選擇。而後面的座艙中，也相當安靜，因為乘客面對的已經是劫匪手中的瑞典「欣達」式手提機關槍！

就在此時，在以色列特拉維夫以南的貝爾巴希空軍基地的以色列空軍緊急作戰指揮中心裡，標號為「F139」的一個綠點從顯示幕上消失了。在這個地方，可以分秒不差地看到地中海沿岸每一架飛機的位置，並由電腦以每秒數千萬次的速度驗證著每一架飛機的航線和高度。這裡的操縱員十分清楚，螢幕上綠點的消失多是意味著飛機出現了意外情況，緊接著監視器的紅燈開始閃爍，蜂鳴器也同時發出了報警信號。這一情況立即被上報到以色列空軍司令部，並通報給了交通運輸部和以色列航空公司。同時，以色列導航中心空中管制官也開始用英語進行緊急呼叫：「F139，F139，這裡是特拉維夫導

航中心，請回答你的位置！回答你的位置……」

　　但是此時的 F139 已經不能回應地面詢問了，這架最現代化的空中巴士的舷窗已經全被關死，只有幾盞昏暗的艙壁燈映照著失魂落魄的乘客。空調也被關上了，空氣中彌漫著令人極不舒服的味道。

　　面對客機被劫持的突發事件，在以色列拉賓總理的緊急動員下，一個以總理為首的應急指揮部立即成立。同時，效率極高的「摩薩德」情報網開始在世界範圍內捕捉有關 F139 航班的蛛絲馬跡。2 小時後，潛伏在利比亞、代號「女妖」的特工傳回了第一份密電：F139 航班確認被劫持，已在利比亞班加西機場著陸並加油，似有再次起飛的跡象。午夜，滲透進「巴解」組織上層的情報人員也傳回了更加確切的消息：激進的巴勒斯坦組織「解放巴勒斯坦人民陣線」策劃了這次劫機行動。該組織重要幹部瓦迪阿·哈達德醫生為行動的直接指揮者，飛機將被劫往非洲烏干達。

　　此時，法航 139 航班已經進入烏干達恩德培上空，劫機者已經按捺不住內心的歡呼雀躍了。停機坪已經被對此次劫機行動持中立態度甚至暗中支持恐怖分子的烏干達總統阿明率領的一支精銳傘兵部隊包圍。在其支援下，劫機分子將全部乘客扣為人質，押往恩德培機場候機室。

　　6 月 29 日，烏干達國家電臺廣播了劫機者的一份聲明：要求立即釋放被關押在以色列、西德、肯亞、瑞士、法國的總計 53 名「革命者」，並以此作為釋放法航 139 航班人質的條件。

　　6 月 30 日，全體以色列閣員坐在總理拉賓的官邸裡，沉默無言。由於劫機者態度強硬，幾天來通過各種外交管道的努力都以失敗告終。就在剛才，他們又接到烏干達政府轉交的一份劫機者最後通牒：如果以色列政府不能在 7 月 1 日下午 2 時前做出令人滿意的答覆，他們將每小時處死一名猶太人質，直到以色列答應條件，或者直到猶太人質全部「為國獻身」。人命關天，無辜的國民即將忍受荼毒之苦。此時的以色列政府已經被逼到了必須儘快下決心的地步。

　　而最終，以色列軍方定下了武力解救人質的決心。在這個幾乎長年征戰的國家裡，軍方的意見是決定性的。但按照以色列憲法，總理是全國武裝

力量的最高統帥，軍方擬制的任何作戰計畫必須經其批准方可執行。此時，映入拉賓眼簾的是一份扉頁上注有「AAA」標記的「烏干達夜航計畫」檔。「烏干達夜航計畫」決定派遣突擊隊突襲恩德培機場。若要實施，必須跨越4000公里抵達非洲的中部。沿途國家，不僅包括狂熱反猶的烏干達，中間還隔著埃及、蘇丹、索馬利亞、衣索比亞、沙烏地阿拉伯等國家，無一不想除去以色列而後快。以色列突擊隊一旦踏上烏干達的土地，所要面對的境況可想而知。在拉賓總理百般權衡之後，檔上多了一行希伯來文字——他批准了「烏干達夜航計畫」。而負責這次行動的是以色列最精銳的特種部隊「野小子」。

「野小子」在希伯來語中意為「剽悍、強壯、勇於冒險、敢於戰勝苦難的人」。1957 年正式成立時，規模有 500 人左右。這支部隊直屬於總參謀部領導，被譽為「總參謀部之子」。其主要使命是從事戰術偵察、情報搜集以及營救人質等。這支部隊的與眾不同之處是非常注重團隊精神，組織形式類似家族式，一旦加入就得為之服務終生。日常訓練是在英國特種部隊特別空勤團 SAS 的訓練科目基礎上進一步加以提高，具體內容被列為機密，唯一知道的就是淘汰率將近 90%。由於訓練嚴格，使得這支特種部隊無論在戰爭還是和平環境下，都能出奇制勝，就連美國的「綠色貝雷帽」部隊也自歎弗如。一個小小的細節可以說明「野小子」的訓練標準：如果被飛行座椅彈出，他們可以在空中用 1 秒鐘的時間拔出手槍，30 公尺距離內，槍槍 10 環。

接下來的情形已眾所周知，「野小子」突擊隊長途奔襲 4000 公里，隱蔽飛行，途經多個國家上空，達成了高度的戰略突然性和戰術突然性。突擊隊以亡 1 人、傷 4 人的代價，救出了全部人質 (其中有 3 人死亡)，炸毀烏干達戰鬥機 11 架，打死烏干達士兵 45 人和劫機分子 7 人。戰鬥結束突擊隊離開機場後，烏干達總統阿明才得知襲擊情況。阿明譴責了以色列的行動，但最後卻讚揚說：「我作為一個職業軍人，認為襲擊非常成功！」當時，烏干達在機場附近駐有 2 個營，並裝備了防空火炮和坦克，平時直接擔任機場警衛的有 70 人，但都未能及時有效地投入反襲擊戰鬥。

此次營救行動，是以軍組織實施的以營救人質為主要行動的戰鬥，也是特種作戰歷史上最為成功的營救行動之一，「野小子」之所以能在 4000 公

里之外取得行動的勝利，與其嚴格的日常性訓練和逼真的臨戰演練分不開。

比如說日常性訓練，它體現在長途飛行的 C-130 中隊，他們擁有著幾千小時的飛行時間，以及成百上千次的短跑道著陸經驗，而且以色列反恐部隊也曾打過成千上萬發子彈。由於著陸或射擊行動無論在哪兒進行，都沒有任何區別，所以以軍可以輕而易舉地從訓練轉入實戰。正如飛行中隊指揮官沙尼所說：「對特戰隊來說，他們並不在乎是在洛德還是恩德培執行任務，因為他們接受過這類任務的訓練。所以無論在哪兒執行任務都沒有任何分別。」沙尼的這番話，並不是對特戰隊角色的輕視，而是強調這樣一個觀點：如果部隊能對某一訓練科目重複進行嚴格的訓練，一定程度上就可克服任務地點等具體因素的不利影響。對於飛行員來說，這個結論也同樣適用。無論是在本國的訓練機場，還是在恩德培機場實施降落，都無關緊要，因為他們接受過這類任務的訓練。

此外，當突襲分隊指揮官約拿聖‧內塔尼亞胡中校接到命令，準備執行恩培德人質營救任務時，他立即召集手下，進行了一系列的臨戰訓練和演練。他們在基地外模仿老航站樓建立了一座模型，其中，粗麻布纏繞的金屬桿表示牆體，而用白色帶子圍起的方格，則表示大樓內的各個房間。特戰隊員的演練科目，主要包括跳出車輛、迅速進入大樓和清除目標三大項。與此同時，賓士和越野車的司機與空軍部隊人員在另一個基地會合，主要演練車輛的卸載。此次演練的主要目的，是讓司機與運輸機裝卸長能夠在幾秒鐘時間內，熟練地解開固定索具帶，降下舷梯，令汽車迅速駛離飛機。部隊一整天的訓練科目，涵蓋此次任務的所有環節。當天晚上，整個白天都在進行訓練的地面和空軍部隊又合兵一處，進行了一次全程性的演練。此後幾天，他們根據襲擊計畫的修改，又進行了針對性的訓練和演練。通過這些訓練和演練，不但使整個作戰行動方案更加完美，而且使每名參戰人員在踏上長途襲擊的飛機時，都完全瞭解了自身在行動中的位置和職責。

【案例評析】

以色列特種部隊「野小子」千里奔襲恩德培機場，成功營救出被恐怖分子劫持的乘客，創造出特種作戰歷史上最成功的營救行動之一。「野小子」

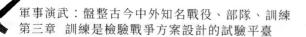

日常訓練的內容十分殘酷嚴格，注重按實戰標準進行訓練，隨時可以從訓練轉入實戰。在解救人質之前，他們也進行了一系列逼真的臨戰訓練和演練。正是因為嚴格的日常性訓練和逼真的臨戰演練，「野小子」才能出奇制勝。「野小子」——這支無所不能的神兵勁旅，既讓他的對手氣急敗壞，也讓他的對手由衷欽服。

【本章小結】

戰爭年代，軍隊在戰爭中學習戰爭；和平年代，則主要是在訓練中學習戰爭。

訓練源於戰爭、適於戰爭、用於戰爭是永恆的規律，訓練是檢驗戰爭方案設計的試驗平臺。

戰爭方案設計是對未來打仗的具體設計，戰爭設計得好不好，離不開實戰化訓練檢驗。美軍設計的許多戰爭，皆經過上百次高強度、高難度的實戰化訓練，才最終走向戰場，在幾場局部戰爭中輕鬆取勝。美軍基於戰爭設計的實戰化訓練對共軍的啟示是：一是要增強實戰化訓練的前瞻性、科學性和實效性。要想在未來戰爭中奪取先機，克敵制勝，必須在先進作戰理論的指導下，著眼使命課題，緊盯作戰對手，緊貼作戰任務，科學制訂實案化訓練方案，把預案構想情況變成研練條件，把作戰對手作為研練對象，做到實案實訓、實情實練。二是要加強實戰化訓練力度，通過「像打仗那樣訓練」，才能實現「像訓練那樣打仗」，讓部隊在真刀真槍的實際演練中苦練殺敵本領，只有平時多流汗，未來戰場上才能少流血。三是要設計出有中國特色的戰爭方案。共軍設計戰爭也應突出「中國特色」，應吸取外軍的有效經驗，結合共軍特色，真正走出一條能打仗，打勝仗的強軍之路。

第四章 訓練是促進體制編制優化的長效動力

【導讀】

結構決定功能，這是古今中外每一個軍事家所推崇的至理名言。毛澤東認為，科學合理的武裝力量結構，能最大限度地發揮人民戰爭的威力。在中國革命戰爭中，創立了野戰軍、地方軍和民兵相結合的武裝力量體制。「三結合」武裝力量體制有機統一的組織結構，使武裝力量形成了強大的整體威力。毛澤東從戰爭全域出發，使三種武裝力量既有分工，又有協作，進而形成協調一致的整體力量，充分發揮了革命武裝力量的作用，顯示了人民戰爭的強大威力。

軍事訓練總是在一定的體制編制下進行，而軍事訓練作為一種近似實戰的軍事實踐活動對編制體制的優化也具有很重要的促進作用。一是在現有方案的實際運行中發現矛盾和問題，促進體制編制改革完善。通過訓練檢驗，可以發現編制體制在機構設置、職能劃分、相互關係的確定，以及人員裝備數量編配比例方面存在的不足，提出合理的體制編制需求。二是在對作戰方式研究和武器運用中，提出體制編制的新構想。在軍事訓練中，結合對戰爭形態、作戰方式的研究與訓練，可研究探討新型指揮體制、作戰編成和保障體制；結合新裝備訓練，可探討新型裝備崗位設置和人員配備的最佳方案。20 世紀 80 年代，共軍通過合同訓練的實踐，推動了兵種之間的融合；90 年代初開始的訓練改革，推動共軍體制編制改革走上了精兵之路；90 年代末興起的科技練兵，促進了共軍體制編制按聯合作戰的需求進行不斷改革調整。

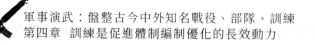

案例一　孫承宗的關寧鐵騎

　　明朝後期，為抵禦後金騎兵的長期進攻，督師薊遼的孫承宗先生創立「以遼人守遼土，以遼土養遼人」的戰略方針，並就之前熊廷弼的戰略進行了改進，建立了「山海關—寧遠—錦州」防線。同時為彌補明朝軍隊戰力不足，不能夠正面抵抗後金騎兵的戰況，除了堅城大炮等防禦體系外，也在天啟二年九月至天啟五年九月，三年的時間內，練就精兵十一萬、創建車營十二、水營五、火營二、前鋒後勁營八，以及最重要的是，在他的麾下，還有一隻袁崇煥指揮的兵力不多但戰鬥力堪稱史上前十的騎兵——關寧鐵騎。

　　這支騎兵在選訓時就有著特殊的目的性。當時，在練兵的問題上，袁崇煥力主「以遼人守遼土」。過去的遼東戰事，明朝往往是從全國各地徵調部隊增援。除了少數特別精銳的部隊外，這些客兵往往戰鬥力很弱。一方面萬里來援，不適應遼東的環境；另一方面，家不在此，打起仗來沒有一種保家衛國的意識，淨想著怎麼溜回家。而且，南方兵也不適於騎兵作戰。袁崇煥將這些客兵歸納為「南（江南）兵脆弱」。說到最後，還是民風剽悍，有切身利害關係，而且多善騎馬的遼人最適於守遼土。因此，袁崇煥在歸附的十餘萬遼民中精選身體強壯者，充實各軍，同時大力栽培祖大壽等一大批遼將。借著甯遠大捷後明軍士氣有所回升，開始敢於與後金軍作戰的機會，袁崇煥苦練出了這樣一支兵力並不很多，但戰鬥力相當強的騎兵。雖然這樣的遴選方式已經被現代社會所淘汰了，守國即守家，國富即家安，但我們依舊可以從其能夠和清朝八旗兵相抗衡的戰鬥力中學習其訓練所帶來的促進體制編制優化的戰術風格。

　　首先是一改大兵壓境，以精銳正面禦敵。關甯防線建立時，最多擁有馬步軍共計 14 萬人，分別部署於寧遠、山海關、中前所等軍事要塞。但寧遠距離山海關兩百餘里，很容易被後金兵挨個擊潰，或採取圍點打援的方式，逼迫明朝援軍與後金部隊在野外作戰。而對於戰鬥力相對較弱且主力部隊為步兵的明朝軍隊來說，在東北平原上和後金騎兵作戰確實不是一個正確的策略。於是自明朝晚期時起，就在關外培養自己的騎兵部隊，從李成梁鎮防遼東，建立遼東鐵騎開始，到孫承宗和袁崇煥的關甯鐵騎建立，每一天都在向

建立正面精銳騎兵部隊前進。

其次是強調騎兵、步兵、炮兵協同作戰。早在距離當時一百多年前的法國大革命時期，世界著名軍事家拿破崙‧波拿巴就因其曾擔任過炮兵少尉的經歷而對火炮尤其重視。他創造性地將大量火炮集中使用，並充分發揮騎兵的優秀機動性。這種「先拿大炮轟，然後騎兵砍，最後步兵上」的戰術，被孫承宗等明朝將領加以開發、研究和改進，在對抗後金軍隊的進攻時，重點轟擊對方的中軍，攔擊對方的先頭部隊，使得後金軍隊首尾不能相顧。並依靠戰鬥力一流的關寧鐵騎與後金騎兵正面抗衡，以達到以攻代守、攻守結合的戰略目的。

第三是以新式武器取代舊式長矛。明代的火器發展十分先進，不僅有紅衣大炮，也有多種佛朗機配發部隊，更有改進版的長矛——三眼神銃專門配給關寧鐵騎。三眼神銃全長約 120 公分，共有三個槍管，槍頭突出，全槍由純鐵打造，射擊時可以輪流發射，是關寧鐵騎的標準裝備。發起衝鋒時，關寧鐵騎即衝入戰陣，於戰馬上發動齊射，基本上三輪下來，就能衝垮敵軍。但問題似乎也未完全解決，三槍打完後怎麼辦呢？一般說來，換兵器是免不了的了，但中國人的智慧在此得到了完美的驗證，這把火銃之所以用純鐵打造，槍管突出，是因為打完後，吹吹槍口的煙，換個握法，把它豎起來使，那就是把十分標準的鐵榔頭。人騎著馬衝進去，先放三槍，也不用裝彈，放完掄起來就打，其殺傷力可謂驚人。

在這一時期，關寧鐵騎總人數最多時也不超過兩萬人，大多數時間以三千到七千人為單位作戰。在冷兵器戰爭時期，這樣的一支人數不多的精銳部隊，給了之後的軍事家們無限的靈感和遐想。例如明朝時期總體編制以營為單位，作戰時既拖遝，也無法分辨出部隊之間的強弱，以至於在寧錦大捷和寧遠大捷之時，都存在著現在看來是指揮不力，無法擴大戰果的情況。在軍事方面相對強勢的清朝八旗騎兵的先進軍事思維促使下，最終關寧鐵騎編入了漢八旗並成為其主力部隊。精兵精用，精兵精管，相對於明末其他兩隻傳奇部隊——孫傳庭的秦兵和盧象昇的天雄兵的最終結局而言，這樣的體制改革和用兵態度，將關寧威名傳遍全國，一路從北至南，無可匹敵。

【案例評析】

　　關寧鐵騎是明末最精銳的部隊，是歷代騎兵中的強悍軍隊之一。袁崇煥力主「以遼人守遼土」，苦練出一支兵力並不很大，但戰鬥力相當強的騎兵，這支騎兵後來被人們稱作「關寧鐵騎」。關寧鐵騎在訓練和戰鬥中，一改大兵壓境而以精銳之師正面禦敵，強調騎兵、步兵、炮兵協同作戰，並且以新式武器取代舊式長矛，這一系列訓練以及戰略思想的調整，促進了關寧鐵騎編制體制優化，造就了這支雖短小精悍但作戰勇敢，令敵人聞風喪膽，攻無不克、戰無不勝的鐵騎。

案例二　蒙古騎兵為何能橫行歐亞

　　蒙古騎兵向來所向披靡，攻城掠地，少有敗績，在幾乎整個 13-14 世紀裡橫行歐亞，建立了一個地域空前遼闊的大帝國。那麼，是什麼讓他們如此能征善戰呢？

　　蒙古軍隊都是清一色的輕騎兵，輕騎兵具有突擊力強、靈活多變的特點，適合遠程奔襲。蒙古騎兵紀律嚴明，即使因小事違反軍紀，也動輒受笞刑或被處死。服從指揮官命令是他們的天職，人人都嚴守紀律。紀律已經形成制度，這是歐州中世紀時期的其他軍事組織所沒有的。蒙古騎兵服從、驍勇、頑強的精神是他們勝利的重要因素。

　　蒙古馬氣力、耐力也非常驚人，它們駄著人，能日行 120 公里，而且途中只需要休息一次來喝水進食。這使得蒙古軍隊佔盡優勢，他們能迅速集中兵力，從而可以造成人馬眾多、聲勢浩大的景象。蒙古軍隊的組織異常嚴密，而且調動起來靈活迅速。1 萬名戰士分成 10 個千人隊，1 千人隊分為 10 個百人隊，這萬名戰士由大汗的一個親戚或親信指揮。2 萬人可組成 1 軍。另外，大汗親選 1 萬名「體格矯健，技能好」的人，組成精銳的「護衛軍」，在平時分為 4 班守衛，戰時隨大汗出征。

　　雖然全軍的統一命令是由快馬下達，但是將在外，君命有所不受，個別將領在作戰時享有極大的自主權。軍隊消息非常靈敏，在大軍前面有偵察部隊隨時將敵情送回軍隊總部。而且在偵察部隊前面還有大量敵後探子，他們潛入敵城打探情報，擾亂人心。為此，蒙古人特別喜歡結交商人，並招募商人從事諜報工作。

　　蒙古軍還善於施行心理戰術。如果大汗想攻取的城市不願意投降，那麼，他們最終一定逃不掉屠城的下場。當時最大而興盛的撒馬爾罕和內沙布林兩城，就是由於這個原因而先後被夷為平地，居民無一倖免。這個消息傳開後，別的城市就不敢抵抗。但是有的即使投降也不一定能避過厄運。基輔城中的俄羅斯王公投降前雖得到寬大保證，但最後還是被扔在飲酒祝捷的桌下活活壓死。阿富汗西北邊境赫拉特城的居民在聽到赦免消息後走出城外，卻被全部殺死，整座城也被夷為平地。

此外，蒙古人打仗很有策略。蒙古大汗有一種最有力的武器，就是大迂回戰略。蒙古軍的迂回戰略源於蒙古族的圍獵。他們把圍獵中的技藝嫻熟地運用到戰爭中來。對方堅固的城堡，往往變成了他們圍困的野獸。蒙古軍大迂回戰略的特點是：盯著敵人的後方，以左右包抄的方式，將敵人包圍，從不給對方留下一條逃生的出路。即使留有一條生路，那也完全是一種戰術運用。這種大迂回戰略，與古代其他軍隊的進攻方式相比，更講實際，手段更隱蔽。

再者，成吉思汗及其子孫，能夠脫離根據地作戰，「羊馬隨征，因糧於敵」。蒙古人行軍打仗，不是遵循遊牧常規：牲畜走到哪裡，人就跟隨到哪裡，而是軍隊走到哪裡，牲畜就跟隨到哪裡，這就從根本上解決了部隊的軍需供給問題。蒙古軍隊獨特的後勤保障體系，使蒙古軍隊有了超常的生存能力，與敵較量時有了超常的戰鬥力，戰爭機器有了連續運轉的動力。

最重要的是蒙古騎兵都是當時訓練得最好的士兵。他們從小就被送入戈壁沙漠中進行嚴格的騎馬射箭訓練。許多士兵從 3 歲起就被綁在馬背上，從此一生幾乎都在馬背上度過。因此，當他們長大後，一般都具有堅韌的毅力和耐力，在駕馭馬匹和使用武器方面更是顯示出過人的水平。他們能吃苦，能忍耐嚴酷的氣候，不貪圖安逸舒適。他們體格健壯，很輕易地就能適應戰鬥的需要。

可以看出，正是由於英勇頑強的騎兵、嚴明的紀律、高超的策略、獨特的後勤保障體系、嚴格的戰鬥訓練等一系列綜合因素的作用，才使得蒙古大軍的鐵蹄能夠橫行歐亞大陸，令對手聞風喪膽。

【案例評析】

西元 13 世紀，蒙古鐵騎狂掃歐亞勢不可擋，創造了戰爭的神話。蒙古騎兵的單兵素質極高，他們從小就進行嚴格的騎馬射箭訓練，體格健壯，性格堅毅，忍耐力強；蒙古軍隊紀律嚴明，紀律形成制度，人人都能嚴守紀律；蒙古軍隊具有高超的戰略戰術——源於圍獵的「大迂回戰略」，往往能出其不意，克敵制勝；獨特的後勤保障體系——軍隊走到哪裡，牲畜就跟隨到哪裡，使蒙古軍隊具有超強的生存力，正是這一切因素的綜合作用才造就了這支魔鬼之師。

案例三　精銳之師「魏武卒」

　　在中國戰國時代 250 餘年的歷史中，魏國是最先強盛而稱雄的國家。軍事家吳起任河西守將進行軍事改革，訓練了令天下談之色變的「魏武卒」。吳起率領「魏武卒」南征北戰，創下了「大戰七十二，全勝六十四，其餘均解（不分勝負）」的奇功偉績。

　　吳起認為，兵不在多而在「治」（訓練）。據《荀子·議兵篇》記載：「魏之武卒以度取之，衣三屬之甲，操十二石之弩，負服矢五十，置戈其上，冠胄帶劍，贏三日之糧，日中而趨百里。中試則複其戶，利其田宅。」也就是說，士兵身上必須能披上三重甲（內外三層防護服），手執一支長達兩公尺重達二十五斤的鐵槍，腰懸銅劍，後背一面重達十斤的銅盾，一筒五十支長箭和一張鐵胎硬弓，同時攜帶三天軍糧，半天內連續急行軍一百里後還能立即投入激戰的士兵，才可以成為武卒。當時的一百里相當於今天的 41 公里，差不多就是奧運會的馬拉松項目，但是跑馬拉松只穿短褲背心，而武卒渾身上下連甲帶裝備，總重至少六十餘斤，跑完後還要立即投入戰鬥。此外，在弓箭方面，每個人必須一氣可以連發三箭，否則視為不合格。鐵胎硬弓弓弦之力極大，一箭射出，能破開數重銅甲，當然拉弓射箭需要多大的力量就不難想像了。據說王翦就是因為可以拉開鐵胎硬弓這樣的強弓，在秦國一舉少年成名。在當時的諸侯國，甚至是在軍隊中，也只有勇士才可以拉開炫耀一把，而在「魏武卒」中卻是人人都可以拉開的基本功，這樣的軍隊戰鬥力是何等驚人？而且，武卒的選拔原則是選出多少就是多少，絕不濫竽充數。所以說，他們個個都是體能超群、身懷絕技的特種兵，是步軍中的兵王，不負中國歷史上「單兵戰鬥力第一」的稱號。

　　吳起組建了武卒後，聘請了類似「八十萬禁軍教頭」的專職教練，對這些軍事基本素質較高的士兵進行了嚴格的軍事技能訓練，包括單兵技藝訓練、陣法訓練、編隊訓練以及聯絡記號訓練等。在訓練中，還特別注重發揮軍事骨幹的先鋒模範帶頭作用，「一人學成，教成十人；十人學成，教成百人……萬人學成，教成三軍」，使全軍的素質迅速得到提高。此外，和一般軍隊不一樣的是，「魏武卒」是一支幾乎從一組建就在實戰中訓練的軍隊，

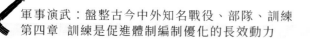

連主帥都是九死一生積累實戰經驗，更不用說普通的士兵了。

嚴酷的訓練鑄就了「魏武卒」特殊的編制：五人為伍，設伍長一人，二伍為什，設什長一人，五什為屯，設屯長一人，二屯為百，設百將一人，五百人，設五百主一人，一千人，設二五百主一人。其中，「二五百主」也稱「千人」，也就是以一千人為基本的作戰單位，類似現在的一個團。需要打仗的時候再靈活編制，設將軍一人指揮。這種編制，充分體現了「魏武卒」的指揮系統在作戰中的靈活性，能達到如腦使臂，如臂使手，如手使指一樣。即便是戰敗了，也是可以迅速的組建軍陣——不管各軍隊士兵是否相識，在這種各級將官存在的情況下，都是可以迅速地組合起來。「魏武卒」的編制讓各諸侯國幾乎無法模仿，不是沒有條件，不是沒有能人，主要是在以戰車為王的時代，誰也沒有這個膽量。

根據《吳子·勵士》裡的記載，周安王十三年(西元前389年)的陰晉之戰，吳起以五萬魏軍，擊敗了10倍於己的秦軍，創造了「步卒五萬人，車百乘，騎三千，而破秦五十萬眾。」的中國戰爭史上以少勝多的著名戰役。所以「魏武卒」最鼎盛的時候應該是滿員大概五萬人左右。「魏武卒」是那個時代的步戰士兵中，最為精銳和彪悍的代表。

【案例評析】

「魏武卒」是戰國吳起訓練的精銳步兵，是中國最早的「特種兵」。「魏武卒」人員精幹，他們個個都是體能超群、身懷絕技，百里挑一甚至千里挑一的強者；「魏武卒」訓練有素，嚴格的軍事技能訓練和實戰訓練，使全軍的戰鬥力強悍；同時，為適應嚴酷的訓練也鑄就了「魏武卒」特殊的編制：以一千人為基本的作戰單位，下設伍長、什長、屯長、百將、五百主、二五百主等各級將官，這種編制，有利於靈活指揮作戰。具備上述特徵的「魏武卒」，在戰場上所向披靡，少有敗績，是強者中的強者，精銳中的精銳。

案例四　改弦更張，別樹一軍

　　1851 年，太平天國農民起義爆發後，太平軍出廣西、入湖南、戰長沙、克武昌，所向披靡，勢不可擋。而早已腐朽不堪的八旗、綠營，由於疏於訓練，軍隊作戰能力低下，在與太平軍的作戰中節節敗退，讓清政府覺得江山似乎就要易手。於是，清政府為各地團練開了口子，一時間，各地紛紛響應。咸豐年間，先後奉上諭擔任團練大臣的官員有 43 人之多，但是最有戰鬥力且最終成就大事的，只有曾國藩一個。

　　曾國藩在受命之初，決心另起爐灶，按照自己的想法帶出一支全新的部隊來。古往今來，肯辦事者總是要惹出很多麻煩，要辦成事，必須善於處理各種矛盾。為了避免其他大員以及那些綠營「老爺兵」的干擾，曾國藩選擇「避走衡州」，來到距離各種勢力彙集的省城長沙較遠的衡陽練兵。在這裡，他廣招勇丁，統一編制，勤加訓練，又花大力氣籌建湘軍水師。半年後，湘軍北上作戰，水師已有大小戰船三百六十餘隻，水陸官兵及丁夫等共計一萬七千餘人。建軍練兵的具體過程中，曾國藩等人摸著石頭過河，重點參照戚繼光的練兵經驗，「但求其精，不貴其多；但求有濟，不求速效」，針對作戰對手——太平軍的特點，逐步形成一支新式隊伍，用曾國藩的話說，就是「改弦更張，別樹一軍」。

　　作為一支從無到有、另起爐灶的新軍，湘軍能迅速形成戰鬥力，主要歸因於曾國藩能對湘軍進行合理的編制並對其勤加訓練。

　　編制就是官兵和武器的排列組合，優化的組合是戰鬥力的倍增器，可以創造以少勝多的戰爭奇跡。混亂的排列只能集聚起一群烏合之眾，即使兵多將廣、投鞭斷流，難免風聲鶴唳、倉皇北顧。湘軍在衡州擴招後，各類兵丁達到近兩萬人，有陸師也有水師，有步兵也有馬隊，有刀矛弓箭等冷兵器，也有抬槍鳥銃等火器，如果不能合理編組，很容易折戟沉沙。

　　曾國藩在湘軍確立「營」為基本單位，每營的人數，由最初的 360 人改為衡州訓練時的 500 人，設營官 1 名，營官親兵 60 名，親兵什長 6 名。每營 4 哨，每哨設哨官 1 名，哨長 1 名，護勇 5 名，什長 8 名，正勇 84 名，另有夥勇 42 名；每營長夫 180 名，隨營行動。營官有親兵 6 隊，即劈山炮 2 隊，

刀矛隊 3 隊，小槍隊 1 隊；每哨有刀矛隊 4 隊，抬槍隊 2 隊，小槍隊 2 隊，共計 8 隊。水師編制則依據大型快蟹、中型長龍、小型觸板的戰船區分，編制大營和小營，初期以大營為主，後期則重視小營，以適應長江（內湖）水戰的現實需要。

湘軍營制，重視武器裝備的搭配，如冷兵器與火器的搭配，大小戰船的搭配，以便在戰鬥中充分發揮各自長處，同時注意隨著武器裝備的改進和實戰的需要，不斷更新編制。這是它在同太平軍作戰中屢敗而不潰、愈戰而愈強的重要因素。曾國藩自稱「訓練之才，非戰陣之才」，他確實在湘軍的訓練上花了很大功夫。當時所稱的「訓練」，並不同於今天所說的軍事訓練，而是分為「訓」和「練」兩個方面。「訓」是思想政治教育，「練」是軍事技術訓練，所謂「自古節制之師存乎訓練，訓以固其心，練以精其技」。

曾國藩注重「訓」「練」並舉，特別重視「訓」的作用，自稱「每逢三八操演，集諸勇而教之，反復開說至千百語」，「雖不敢云說法點頑石之頭，亦誠欲以苦口滴杜鵑之血」。

曾國藩規定的「訓」，包括「訓家規」和「訓營規」兩種。對於「訓」，曾國藩反對把思想教育弄成空洞無物的無聊說教，要求各級將領以父兄教子的方式，以愛護士卒的姿態，結合勇丁的切身利害進行教育，比如「訓做人，則全要腔誠，如父母教子，有殷殷望其成立之意，庶人人易於感動」。

對於「練」，曾國藩強調「治軍以勤字為先」，要求全體官兵勤於練兵，強化技藝、槍法和陣式。他專門訪求武師和獵戶，請他們幫助教授軍事技能，有時親自組織單兵軍事技能考核，親筆記下，某勇「善扒墻跳溝」，某勇「善打火器」。

對於劈山炮等重火器，曾國藩更為重視，曾寫信給帶兵的曾國荃，要求他「將各營親口教之，親眼驗之，乃不失劈山炮之妙用也」。他還親自制定《初定營規二十二條》《營規》等，對招募、行軍、紮營、訓練都作了嚴格規定，使湘軍的訓練從一開始就走上制度化之路。別具特色的湘軍，取經於成法（戚繼光等人的經驗）、脫胎於舊制，又能在實戰經驗的積累中不斷發展革新，以適應戰場需要，這對於我們今天的軍隊訓練，具有極其重要的借

鑒意義。

【案例評析】

　　曾國藩雖系一介書生，但他深諳用兵之道，他參照戚繼光的練兵經驗，加上自己的想法，逐步建成了一支經制兵之外的准正規軍——湘軍。湘軍作為一支從無到有、另起爐灶的新軍之所以「別樹一軍」，成為清朝政府不得不倚重的勁旅，主要體現在合理編制和勤加訓練等方面。它的許多創舉，比如獨特的營制、定期進行集體思想政治教育(「訓」)的制度等也使湘軍的訓練、戰鬥積極性非常高。曾國藩的治軍之道，對於我們今天的軍事訓練，仍然具有積極的現實意義。

案例五　人民解放軍的「野營訓練法」

在軍中素以「虎將」著稱的王必成，1960 年 5 月調任南京軍區副司令員兼上海警備區司令員 (11 月免兼)，主管軍區的軍事訓練工作。王必成到南京軍區工作後很少待在機關，經常帶領機關人員下連隊、蹲基層。他要求軍訓部門解放思想，敢於打破清規戒律，大膽進行訓練改革，強調一切從難、從嚴、從實戰出發進行訓練。在他的精心組織下，軍區的軍事訓練搞得轟轟烈烈，出現了前所未有的好局面，成果豐碩。其中就包括他發現並在南京軍區總結、推廣，後來聞名全軍的訓練典型「郭興福教學法」。

1962 年春，國民黨軍意圖反攻大陸，陰謀策劃竄犯東南沿海地區。6 月 10 日，中共中央發出準備粉碎國民黨軍進犯東南沿海地區的指示，要求全黨全軍和全國人民做好充分準備，決不能讓國民黨軍的陰謀得逞。中央軍委及時抽調兵力投入緊張的備戰工作，加強東南沿海地區的防禦。根據軍委的指示，在南京軍區黨委領導下，王必成迅速組織部隊改變原定的年度訓練計畫，轉入緊急備戰訓練，突擊解決作戰急需的戰術技術問題。到 6 月底，軍區部隊基本完成各項備戰工作，處於高度戒備狀態。

在緊急備戰行動中，南京軍區部分機關和部隊暴露出一些問題。有的單位長期駐守城鎮，缺乏野外行軍、宿營的基本經驗；有的單位戰備觀念淡薄，存在和平麻痺思想，等等。這些問題直接影響著備戰任務的完成。王必成深思熟慮後向軍區黨委提出，將部隊拉到野外生疏地區進行實兵、實裝、實彈綜合演練，讓指戰員在近似實戰的環境下得到鍛煉和提高。在取得軍區主要領導支持後，王必成具體組織部分野戰軍機關和團、營部隊野營訓練的試點，練走、練打、練野炊、練宿營。通過野營訓練，參訓部隊的野戰、野外生存能力明顯提高，並積累了初步經驗。

1963 年 4 月，毛澤東外出視察途經南京。12 日，王必成向毛澤東彙報南京軍區軍事訓練情況，重點彙報了部隊野營訓練的做法。

毛澤東問道：「你們是怎麼訓練部隊的？」王必成回答：「進行野營訓練，部隊拉出營房走它幾百里。和平建設時期，用『野營訓練』的形式鍛煉部隊，效果很好。」

　　毛澤東又問：「怎麼走啊？」王必成解釋說：「開始走大路，後走小路，最後走山路。」

　　「天黑下雨走不走？」毛澤東進一步問道。「天黑下雨也走！」王必成回答說。

　　「部隊怎麼住？」毛澤東關切地問。王必成馬上回答：「住民房，跟老百姓住在一起。」毛澤東聽了非常感興趣，又問：「老百姓歡迎不歡迎？」「地方黨政群眾給了我們軍隊很大支援、很大鼓舞！」王必成說。

　　毛澤東繼續問：「全軍是不是都用這種方法？」王必成解釋說：「據我瞭解，冬訓全軍都在進行，方法可能不一樣。」

　　聽了王必成的回答，毛澤東對南京軍區部隊野營訓練的做法當場予以肯定和表揚：「你們這種方法很好，應該在全軍用這種方法，應該推廣這種方法。」

　　不久，毛澤東與王必成的重要談話紀要被送到了軍委和各總部。很快，野營訓練成為部隊年度軍政訓練中一項綜合性的檢驗課目在全軍普遍推廣開展起來，各部隊掀起野營訓練的熱潮。

　　這年冬季，王必成組織軍區部隊開展了更大規模的長途野營訓練，參訓部隊比上年增加了一倍。長期住城市的軍區領導機關第一次到遠離城市的荒山僻野進行野營訓練，各野戰軍、省軍區和警備區機關也分批進行了一個多月的野營訓練。通過野營訓練，有效增強了機關、部隊在複雜艱苦條件下的適應能力，促進了戰備工作的落實。

　　「文化大革命」開始後，軍事訓練受到嚴重衝擊，野營訓練也被棄之不用。恢復野營訓練始於 1969 年。珍寶島自衛反擊作戰後，毛澤東提出「要準備打仗」，軍事訓練再次被強調，並在極其艱難的條件下以野營訓練的形式開始恢復。從 1969 年下半年到 1970 年初，新疆、瀋陽、濟南軍區的一些部隊在組織單項訓練的基礎上，走出營房進行綜合性的野營訓練。為提高部隊能走、會打的本領，他們在野營訓練中增加行程、加大難度、提高速度，取得了良好效果，部隊的野戰生存能力明顯提高。

　　1970 年 2 月 3 日，總參謀部轉發瀋陽軍區《陸軍第一一六師「千里野營」

總結報告》。報告認為，野營訓練為促進戰備思想落實提供了一條好途徑，為全面建設連隊提供了一條好路子，為培養部隊優良戰鬥作風提供了一個好方法，為部隊適應戰時生活管理提供了一個好措施。毛澤東看了這個報告以及新疆、濟南軍區關於野營訓練情況的另外兩個檔後，充分肯定這些部隊野營訓練的做法，於 2 月 21 日批示：「這樣訓練好。」

全軍部隊貫徹毛澤東的批示，迅速掀起野營訓練的熱潮。當年春夏時節，各軍區、軍兵種紛紛組織部隊野營訓練，北方部隊實行春季野營拉練，南方部隊實行夏季野營拉練。野營訓練中也暴露出部隊綜合能力不強等一些問題，如有些裝具不適應行軍作戰的要求，戰士負荷太重；行軍中經常出現前面休息後面跑，宿營時兩個小時進不了房；通信器材數量少、品質差，不能保證通信聯絡；等等。野營訓練中暴露出的問題引起毛澤東的高度重視，他決定利用 1970 年冬季再掀起長途野營訓練的高潮。11 月 24 日，毛澤東在北京衛戍區《關於部隊進行千里戰備野營拉練的總結報告》上批示：「全軍是否利用冬季實行長途野營訓練一次，每個軍可分兩批 (或不分批)，每批兩個月，實行官兵團結、軍民團結……」在報告的最後一頁，毛澤東又批示：「如不這樣訓練，就會變成老爺兵。」國務院總理周恩來也明確指出，軍隊的訓練要有足夠的時間保證。12 月 6 日，中央軍委發出通知，要求全軍部隊迅速掀起冬季長途野營訓練的高潮，從當年 12 月到次年 3 月，普遍拉練兩個月。

毛澤東的兩次批示和周恩來的指示，大大提高了全軍對野營訓練的重視程度，大規模的野營訓練高潮迅速在全軍部隊興起。從總部機關到基層連隊，從陸軍到海軍、空軍，從野戰部隊到地方部隊，從院校到醫院、倉庫、兵站等，野營訓練迅速開展起來。這次大規模野營訓練於 1971 年 4 月上旬結束，全軍共有 540 個師級以上機關、43 所院校、90% 以上的野戰部隊投入野營拉練，行程一般在千里以上。經過野營訓練，培養了部隊的吃苦耐勞精神，檢驗了部隊走、打、吃、住、藏等綜合能力，使部隊學到了許多在營區學不到的東西。野營訓練中，部隊幫助地方訓練民兵近 400 萬人，參加助民勞動 500 多萬個工日，醫傷治病 280 多萬人，增強了軍政團結、軍民團結。

中央軍委在 1970 年 12 月 6 日發出野營訓練指示時曾規定：「以後冬季

野營拉練應成為制度。時間一般從 11 月開始，至次年 2、3 月。」此後，這種每年一次的全軍性冬季野營訓練，一直持續到 1978 年。

實踐證明，長途野營訓練作為一種基礎訓練方法，是人民解放軍傳統練兵方法在新形勢下的發揚，是全軍訓練改革的一大成果，在人民解放軍教育訓練史上佔有重要地位。這種具有人民解放軍優良特色的練兵方法，雖然產生於特定的歷史條件和環境下，但其主要精神、基本經驗符合教育訓練的一般規律，至今仍有重要的借鑒意義。

【案例評析】

野營訓練是軍隊離開營房、駐地而進行的實兵、實裝、實彈綜合演練，能夠讓指戰員在近似實戰的環境下得到鍛煉和提高。野營訓練將訓練與戰備相結合，能有效地提高指揮員、指揮機關的組織指揮能力和士兵的戰鬥技能，培養鍛煉部隊的戰鬥意志和戰鬥作風以及野戰生存能力。毛澤東和周恩來等國家領導人曾多次指出野營訓練是一種好方法。野營訓練是檢驗部隊訓練品質、提高部隊作戰能力的一種有效方法，是中共人民解放軍的一種重要訓練方法。

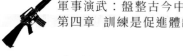

案例六　魔鬼訓練工廠

　　提起西點軍校，想必大家都很熟悉，她是美國第一所軍事院校，作為美國陸軍軍官的代名詞早已聞名世界。她成功地培養出了一大批傑出的領導人才，其中有揮斥方遒的政壇領袖，也有馳騁疆場的軍事將領。但鮮為人知的是一些跨國公司的董事長、總裁、CEO 等高級管理人員，他們並未在商學院中接受過正規的系統教育，而是畢業於西點軍校。

　　商場如戰場，這句話大家都耳熟能詳。但真能在慘烈、無情、千鈞一發、生死存亡的商戰中鎮靜自如、指揮若定、奇計頻出並最終取得勝利，卻是非常人所能企及的。這一切的一切都歸功於著名的「西點軍校精英訓練教程」。西點的教程正是以戰場為訓練的藍本來突破一般人難以戰勝的各種障礙。

　　「給我任何一個人，只要不是精神病人，我都能把他訓練成一個領導人。」西點前任校長潘模將軍如是說。西點相信，並不是只有少數人天生具有領袖的特質，而是每個人都具有成為領袖的潛力。雖然很多人普遍認為，領導人才是自然天生而非後天養成的，但西點軍校精英訓練營卻始終不渝地堅信每一個學員都能成為優秀的領導人才並為此而躬行不輟。「後天領導說」揭示出了人們通常忽略的另一種可能，也就是領袖人物可能既需天分，也要靠後天的努力。誠如組織理論學家西蒙所說：「一個天生的好主管，其實是具有一些自然稟賦(聰明才智、活力以及與別人互動的能力)的，但他必須通過實踐、學習和經驗把這些自然稟賦發展為成熟的技巧。」玉不琢不成器，同樣的道理，人不經過良好的教育培訓即使有再好的天資也會被埋沒。

　　西點精英訓練營有一套強有力的課程，涵蓋了領導才能的方方面面。這套教學體系嚴格而完備，能夠鍛煉學生的身體、知識和心靈。其中包括入模子訓練、心理素質訓練、軍事素質訓練、領導能力訓練以及科學文化課程。

　　科學文化課程主要學習大學的文理課程，它的課程設置有鮮明的特點：既反映了西點兩百年來在軍事職業教育和高等文化教育上的演變和進步，又充分體現了軍事教育要求文理結合、傳授知識與培養能力並重、滿足目前需

要與適應未來發展兩者兼顧的特殊規律。它的課程設置比普通高校更廣泛，適應性更強。

西點對學員進行艱苦的軍事訓練，這樣的訓練，使學員不但能夠親自體驗陸軍士兵的生活，而且能夠從更高的角度去認識它和理解它。嚴格的紀律、艱苦的訓練有助於增強個人的自尊心、自信心和責任感。共同的生活所產生的友誼和集體主義精神滲透到學員今後生活的各個方面，從而使他們能夠終身受益。

除科學文化、軍事教育與訓練外，體育教學與訓練是西點的一項重要訓練內容。西點軍校認為，體育鍛煉不單純是為了增強體質，更重要的是一種培養軍人精神素質的手段。運動場上緊張、激烈的拼搏同戰場有許多相似之處。它需要對抗雙方在極其緊張的情況下保持清醒的頭腦，並能迅速地對各種複雜情況做出正確的判斷和及時的反應。它能最大限度地培養學員堅韌不拔的毅力和自控能力，以及果斷、勇敢、思維敏捷的氣質和競爭意識。一名合格軍人所應該具有的團隊精神、互幫互助、吃苦耐勞、勇敢頑強和對於勝利後榮譽的追求精神也能在競賽中逐漸形成，學員的進取心理、組織指揮能力和協調精神均能在競賽中得以充分表現。

世界上再好的訓練方法都要有嚴格的規章制度加以保障。因此為培養學員的組織紀律觀念和服從意識，西點軍校制定了嚴格的規章制度。從學員的選拔、錄取、淘汰到學員的每日生活、行為准則、服裝與儀表、營房與宿舍、人身與財產安全、假期、教學程式、待遇與特殊待遇等都做了詳盡明確的規定。這些規章制度像是高懸的達摩克利斯之劍，準備隨時刺向違規者，對於學員的行為有著很強的約束力。

西點的獎勵、淘汰制度也是異常嚴格的。西點軍校十分重視對學員組織領導能力的考察和培養。每隔一段時間，每一個學員均需填寫對本連同年級學員組織領導才能的優劣意見表。西點軍校招收新學員的程式、標準本來就十分挑剔，能考入軍校已經非常不易，規章制度又如此之多，執行紀律非常之嚴，所以學員的淘汰率非常高，新學員入校後的前 3 個月就達 15% 左右，其中相當一部分是由於忍受不了嚴酷的訓練、嚴格的紀律和刻板的生活而自我淘汰的。能完成 4 年學業順利畢業成為軍官的，只有 75% 左右。正是由

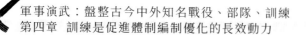

於這種近乎苛刻的紀律要求和大浪淘沙般的篩選，才保證了學員優良的素質和高度的組織紀律觀念。

西點著名的「榮譽制度」是它培養領袖人才的精神支柱。「責任、榮譽、國家」六個大字，是西點精神的結晶，是西點軍人引以為傲的座右銘。其中的「榮譽」，是西點軍校對其學員在道德行為方面的要求。學員在校期間的一言一行都必須遵循《榮譽準則》和《榮譽制度》的規定。這是西點軍校能夠培養出高素質領導人才的一個很重要的原因。榮譽準則的基本內容是：「每個學員絕不說謊、欺騙或者偷竊，也絕不容忍其他人這樣做。」這是整個榮譽體系的基石。

榮譽制度是在榮譽準則的基礎上，經過兩百年的實踐而補充制定的一整套規章制度。它的內容包羅萬象，詳細而完備，涉及學員生活的各個方面，是每個學員都要嚴格遵守的。榮譽制度是培養學員忠誠、正直的主要方法，它的實質是強調「自我約束」和「自我完善」，激發學員的榮譽感和責任感。它不僅對在校學員，而且對每一個學員的一生都將產生極為深遠的影響。它有助於在軍隊和社會中提高西點畢業生的威望，建立誠實、可信的形象，有助於在西點畢業生周圍形成相互信任、相互依賴、相互尊重的良好氣氛，使每個西點畢業生都成為品德高尚、受社會和民眾尊重的人。

基於西點軍校完整的訓練體系和嚴格訓練的過程，人們將西點精英訓練營稱作是「魔鬼訓練工廠」，但無論多麼懦弱、膽小、懶散的人，只要能從這個訓練營中走出來，他就會變得堅強、勇敢、勤於奮鬥；經受了西點精英訓練營艱苦卓絕、獨一無二的魔鬼訓練後，任何人都會有良好的團隊精神、強大的自信心、堅不可摧的意志力、超越極限的忍耐力和體魄、訓練有素的技能、卓越的組織能力、得心應手的管理才能；在西點苦心修煉的人將不再恐懼、不再軟弱、不再自卑、不再平庸，西點的畢業生心智聰慧、絕技在身，不管是統率千軍、商場鏖戰還是政壇揮斥，似乎都是無往不勝！

【案例評析】

西點軍校精英訓練營是「領導人才的基地、商界精英的搖籃」。它建立了一套嚴格而完備的教學體系，學員們不僅要進行科學文化學習、軍事教育

與訓練，還要進行體育教學與訓練。它制定了一系列嚴格的規章制度、獎勵淘汰制度、榮譽制度，強調「自我約束」和「自我完善」，用以保障訓練順利開展。正是由於這一系列嚴格而艱苦的「魔鬼訓練」，西點軍校才培養出一大批既具有堅強意志、誠信品質，又具有責任感、榮譽感和卓越組織能力的傑出領導人才。

案例七　與狼共舞的鹿

在美國的阿拉斯加，有一個美麗的自然保護區，裡面有一群可愛的小鹿，但讓人苦惱的是，在保護區內還有一群出沒不定的狼，時不時攻擊噬咬鹿群。為使鹿群更好地繁衍生息，人們想盡一切辦法，將保護區中的狼都獵殺了。可讓人意想不到的是，鹿群的體質卻開始下降。時隔不久，一場疫病悄然降臨，大量的鹿不斷死去。人們這才明白，狼對於整個鹿群的優化和繁衍是多麼重要！後來，狼又被「請」了回來，為了生存，鹿群與狼群進行了激烈的角逐和抗爭，弱小的鹿倒下了，整個鹿群卻更加健壯地成長起來。

這個事例頗有些類似訓練安全與提高戰鬥力的關係。訓練工作本是基層連隊的中心工作，但高風險科目、高難度科目的訓練往往也伴隨著高危險和高傷亡。有人據此拋出這樣一種說法：「一個單位每完成一項訓練工作，就畫上個0，完成工作越多，對應的0就越多，只有到年底，各方面均無安全事故，你才能在0的前面加上一個1，否則，安全出了問題，你幹再多的工作，也等於0。毋庸置疑，抱有這種觀念的大有人在，有些部隊在軍事訓練中，為了「確保安全」，「從難、從嚴、從實戰需要出發訓練」的口號喊得震天響，標語貼得到處飛，實踐過程中，常常是為保安全而隨意降低訓練標準，有的甚至是少訓或不訓那些高難度的訓練課目，做起了「不求有功，但求無過」的功課。

「流水不腐，戶樞不蠹。」實際上，軍事訓練安全來自於嚴格訓練，只要始終如一地堅持高標準、嚴要求的組訓理念和科學的組訓方法，安全就會始終保持較高水平。相反，一味回避訓練風險，片面追求訓練「零事故」，人為降低訓練難度、強度，隨意減少訓練要素，以犧牲戰鬥力保安全，雖然能換來短暫的小安全，但終究會因官兵能力素質下降難保長久，給未來戰爭埋下巨大隱患。歷史經驗證明，一支近似實戰嚴格訓練的部隊，其官兵的心理素質強、軍政作風過硬，在進行重大軍事演習活動、執行急難險重任務時，應對特殊情況能力強，常能化險為夷，很少發生等級事故。相反，一支不注重嚴格訓練的部隊，平時消極保安全，關鍵時刻不過硬，一般任務也難以完成。

　　「凡事豫則立，不豫則廢」嚴格的訓練安全制度是完成訓練任務的根基，沒有系統的規章制度和科學合理的標準，就會「打亂仗」，「打亂仗」必然會出現險情乃至事故。

　　某潛艇學院防險救生系在實踐教學中，全年涉險訓練時間長達 300 餘天，日涉險訓練戰位 30 餘個，動用裝備 200 餘台件，大型設備 20 餘台套，但由於建立了《海上潛水實裝作業崗位合格標準》等 8 種標準和《60 公尺飽和艙群操作使用規程》等 16 部操作規程，制定了《水下爆破訓練規範》等 9 部規範和《水下作業訓練應急預案》等 26 種預案，明確了涉險訓練的戰位元職責、實施程式、安全措施等完備的涉險訓練規範體系，多年來沒有發生一起事故。

【案例評析】

　　戰鬥力標準是軍隊建設的唯一根本標準，提高部隊戰鬥力要把嚴格訓練與保證安全相統一。「練為戰」是軍事訓練的一條重要原則，訓練與實戰貼得越緊，風險性就越大，但部隊經過近似實戰的訓練，戰鬥力水平離未來戰場就會越近，反之，則遠。因此堅持戰鬥力標準，要樹立正確的訓練安全觀，樹立嚴格訓練出戰鬥力、嚴格訓練出安全、抓訓練就是抓安全的觀念；建立嚴格的訓練安全制度，嚴格按照訓練安全制度科學練兵，從嚴從難，認真組織訓練，向訓練要安全，向安全要保障，使訓練與安全統一起來，就能實現安全與戰鬥力的雙贏。

案例八　秋風掃落葉

　　1948 年是一個關係到國共兩黨生死存亡的年份，在這一年的年底，以徐州為中心的廣大黃河中下游平原，爆發了一場驚天動地的大戰：淮海戰役。在此次戰役之前，解放軍的參戰部隊一直以縱隊之間互相配合為主，而此次戰役是華東野戰軍和中原野戰軍最大規模的一次合作，也是中國人民解放軍首次嘗試在兩個以上的野戰軍中進行統一指揮、並肩作戰的戰役。

　　淮海戰役是解放戰爭戰略決戰的三大戰役中規模最大的戰役，自 1948 年 11 月 6 日至 1949 年 1 月 10 日，歷時 66 天。國民黨軍先後投入 7 個兵團，2 個綏靖區，34 個軍，86 個師，共約 80 萬人，出動飛機高達 2957 架次。解放軍參戰部隊華東野戰軍 16 個縱隊，中原野戰軍 7 個縱隊，連同華東軍區、中原軍區地方部隊共約 60 萬人。戰役中，共消滅國民黨軍徐州剿總前進指揮部及其所指揮的 5 個兵團部，22 個軍部，56 個師，1 個綏靖區，正規軍連同其他部隊共 555099 人，約佔其參戰兵力的 69%，其中俘虜 320355 人，斃傷 171151 人，投誠 35093 人，起義改編 28500 人。國民黨少將以上高級將領被俘 124 人，投誠 22 人，起義 8 人。以上戰果還不包括其潰散和逃亡人數。主要繳獲有火炮 4215 門，輕重機槍 14503 挺，長短槍 151045 支，飛機 6 架，坦克裝甲車 215 輛，汽車 1747 輛，馬車 6680 輛，炮彈 120128 發，槍彈 2015.1 萬發。解放軍陣亡 25954 人，傷 98818 人，失蹤 11752 人，合計 136524 人。敵我損失比為 4.06 ： 1。武器裝備損失計有坦克 1 輛，山炮、野炮、榴彈炮共 34 門，迫擊炮、步兵炮共 219 門，擲彈筒 26 具，輕重機槍 1884 挺，長短槍 14588 支，各種炮彈 679943 發，各種槍彈 2014.9 萬發，炸藥 97025 斤。

　　在淮海戰役進行之前，從 1948 年 9 月 12 日開始，同年 11 月 2 日結束，共歷時 52 天的遼瀋戰役是東北野戰軍獨自打完的。而伴隨著國民黨軍的不斷緊縮和將幾個師、軍共同編製成為兵團，企圖以局部地區優勢兵力完成戰役逆轉的局面，中共中央軍委當即決定，中原野戰軍 7 個縱隊，共約 15 萬人，以及部分地方部隊與華東野戰軍共同進行淮海戰役。

　　戰役的第一階段，以圍殲黃百韜的第 7 兵團為主。自 11 月 11 日至 11

月 22 日，共計 12 天，徹底將黃百韜第 7 兵團 10 萬餘人殲滅在碾莊，並擊斃兵團司令黃百韜本人。

戰役的第二階段，邱清泉第 2 兵團、李彌第 13 兵團、孫元良第 16 兵團被迫回救，致使以上三個兵團在陳官莊地區被圍。其中 16 兵團決心自行突圍，但很快就在解放軍的炮火中煙消雲散。戰役的第三階段，以攻取杜聿明部為主，殲滅邱清泉第 2 兵團、李彌第 13 兵團。經過 20 天的休整，解放軍於 1 月 6 日開始進攻青龍集、陳官莊的杜聿明部，1 月 10 日結束戰鬥，擊斃第 2 兵團司令邱清泉本人、副司令胡璉，第 13 兵團司令李彌逃脫。

此次戰役之所以能夠收穫頗豐，與前期中國人民解放軍的優秀訓練方法和其帶來的編制體制改革離不開關係。早在紅軍時期，共軍就十分重視訓練及根據當時局勢改革編制體制，著名的三灣改編就是發生在革命早期的著名軍事改革。之後更是建立了抗日大學，使得廣大有志愛國青年能夠接受政治教育、文化教育和軍事教育，當時的軍事訓練科目主要包括佇列、射擊、格鬥刺殺和各兵種的獨立訓練，例如騎兵訓練和炮兵訓練等。在當時，由於中央軍委領導班子中既有土生土長的農民，也有留過洋、喝過洋墨水的海外軍事院校留學歸來的高才生，還有的原先在黃埔軍校擔任過重要職務。因此共軍的訓練方式當時可謂是博採眾長，既有騎步兵配合，也有各種刺殺動作，而根據武器的多樣化，包括刺刀、梭鏢、大刀等各式近戰武器。而進入解放戰爭時期，解放軍的輕重武器以繳獲為主，包括日式、美式、邊區造。因此教會戰士們如何使用自己的武器，讓他們發揮出應有的實力，更是顯得尤為重要。

隨著各項訓練從各野戰軍、各縱隊到地方武裝不斷普及，昔日的紅軍、八路軍也一步一步成為戰鬥力強勁的中國人民解放軍。而再回到宏觀層面上來說，正是這樣的不斷努力訓練，使得解放軍能夠在人數少於國民黨軍的時候，以極強的戰力橫掃全國，以秋風掃落葉之勢擊敗徐蚌地區的 80 萬國民黨正規軍，從而成功完成了軍力上的逆轉。而淮海戰役的意義就如毛澤東在戰役結束後的第四天，即 1949 年 1 月 14 日發表的關於時局的聲明中所說：「現在，人民解放軍無論在數量上、士氣上和裝備上均優於國民黨反動派政府的殘餘軍事力量。至此，中國人民才開始吐了一口氣。現在情況很明顯，

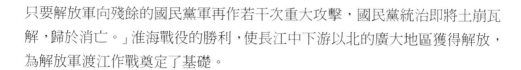

只要解放軍向殘餘的國民黨軍再作若干次重大攻擊，國民黨統治即將土崩瓦解，歸於消亡。」淮海戰役的勝利，使長江中下游以北的廣大地區獲得解放，為解放軍渡江作戰奠定了基礎。

【案例評析】

淮海戰役，共產黨以 60 萬部隊戰勝了裝備與戰力優於自己的 80 萬國民黨精兵，這一戰以其以少勝多而被載入世界經典戰例之冊。共產黨領導的人民解放軍之所以能夠秋風掃落葉般地戰勝國民黨軍，與其平時嚴格的訓練及相應的編制體制改革有著莫大的關係。在中國人民解放軍歷史上，早在紅軍時期就有著重視軍事訓練與編制體制改革的傳統，訓練科目與訓練方式全面多樣、博採眾長。正是因為長期重視訓練、努力訓練，才使得解放軍能夠爆發出極強的戰鬥力，創造出世界戰爭史上的真正奇跡。

案例九　「嫩」將軍也能挑重擔子

人們常用「身經百戰」這類詞語來形容臨危受命的將帥，然而馬島戰爭突發之時，英軍統帥部卻任命了名不見經傳的約翰・伍德沃德為特混艦隊司令。此人當時年不滿五十，戰前才升為少將，甭說「百戰」，就連一仗也沒打過，是英軍中最「嫩」的將軍。英國一家報紙評論說：讓這樣一個「童子軍」去指揮這樣一場複雜的戰爭，無異於拿重大的政治問題開玩笑。

的確，這場被人們稱為「導彈戰」「電子戰」的局部戰爭，是第二次世界大戰以來「規模最大，最複雜」的現代化海空戰。人們對這位「嫩」將軍的擔心不是沒有一點道理的。但這些人忘了一條最普通的常識：人的指揮資格不等於資歷，而在於他有沒有指揮戰爭所需的智力和其他各方面素質，有沒有駕馭戰爭發展的能力。

伍德沃德在指揮上有過一些失招，但也有頗多精彩鏡頭：

他作風嚴謹，計畫縝密。艦隊還在航渡途中，他就用奇兵攻佔南喬治亞島，在茫茫大海中找了一個立足點。連老資格的將領也稱贊說：「計畫得棒，執行得棒。」

為了制止阿海軍行動，他當機立斷，命令核潛艇將阿巡洋艦擊沉，完成了海上封鎖，受到統帥部的嘉許。

空中警戒薄弱，他將原來為反潛作戰而設計的「海鷂」式飛機用作艦隊防空，北約武器專家認為這是大膽的創新。

在他的指揮下，英艦隊遠涉重洋一萬多公里，遂行大小戰鬥二十餘次，僅七十多天便攻佔馬島，說明這個「嫩」將軍能夠挑起指揮整個艦隊的重擔子。值得一提的是，人們對他最不放心的年齡問題，也成了他的優勢之一。一位元隨軍記者說，伍德沃德隨艦在氣候惡劣的南大西洋上漂泊兩個多月，始終精力充沛。若是換上那些參加過第二次世界大戰的老將，恐怕連支撐下來都成問題。

馬島戰爭將一個無可辯駁的事實擺在人們面前：「嫩」將軍也能挑重擔子。這是為什麼呢？

　　伍德沃德是英軍戰後成長起來的新一代將領，年輕時就進入海軍院校接受正規的專業教育，此後又多次在高等軍事院校進修，軍事理論和專業知識比較豐富。他指揮過潛艇和「謝菲爾德」號導彈驅逐艦，擔任過英國國防部海軍作戰計畫處處長，具有從基本作戰單位到統帥部的各級工作經驗。在艦艇上，他熟諳各種艦艇和海上兵器的性能，航海經驗豐富，被水兵稱為「海狼」。在統帥部，他對作戰指揮程式和多兵種協同作戰瞭若指掌，善於接受新事物，被同行譽為「好動腦筋的海軍將領」。還有一點也不容忽視：他經常參加各種規模的近似實戰的海軍演習，實際指揮能力得到很大提高。馬島之戰中實施的反潛戰和電子戰，都是他在演習中的「拿手好戲」。

　　而反觀阿根廷，雖然擁有天時地利人和的有利條件，並掌握了一些先進的武器裝備，但它的不少指揮官平時都缺乏嚴格訓練和正規化教育，專業知識欠缺，作戰指導思想呆板陳舊，三軍協調不好，打起仗來「一人一把號，各吹各的調」，因此不能適應這場現代化海空戰的要求。

　　看來「沒有打過仗的人也能打勝仗」，這個道理是對的，但不能籠統地講，要有前提。前提就是：沒有打過仗的人必須接受良好的正規化教育，經過嚴格的訓練。特別是在軍事科學技術高度發展的今天，戰爭對指揮員的素質和專業知識水平提出了更高的要求，戰場就是科學知識的角逐場，那種對科學技術茫然無知的「科盲」和「半瓶子醋」，是沒有立足之地的。如果以「沒有打過仗的人也能打勝仗」這句話來原諒自己的無知，甚至為自己的不學無術辯解，那就沒有在現代化戰爭中指揮打仗的資格。

【案例評析】

　　約翰‧伍德沃德是英國第二次世界大戰後成長起來的軍官，從未打過仗的他在眾多的英國將軍中可謂是名「童子軍」。1982 年在與阿根廷爭奪馬島的戰爭中，英軍統帥部卻任命了名不見經傳的伍德沃德為特混艦隊司令。伍德沃德一戰成名，躋身於英國海軍史，成為與納爾遜等人齊名的英國海軍統帥。伍德沃德用自己的赫赫戰績證明瞭「沒有打過仗的人也能打勝仗」這個道理。可見，良好的正規化教育，精深的理論和專業知識水平、嚴格的實戰訓練是「沒有打過仗的」指揮員克敵制勝的法寶。

案例十　史崔克戰鬥旅的轉型

提起「史崔克」裝甲車，想必作為軍人都不陌生，它是加拿大通用動力陸地系統在瑞士水虎魚裝甲車的基礎上為美國陸軍研製的八輪多工裝甲車。而以「史崔克」裝甲車作為主要裝備的美國陸軍旅級戰鬥隊也被稱為「史崔克戰鬥旅」。

史崔克戰鬥旅是現代資訊技術應用的產物，其結構最先實現了「模組化部隊」的理念。該旅正式編制共 4000 多人，由 6 個營、5 個連構成。具體包括 3 個機動作戰營、1 個偵察營、1 個火力營和 1 個支援營，以及旅部連、網路信號連、軍事情報連、反坦克連、工兵連。史崔克戰鬥旅的裝備主要以「史崔克」系列裝甲車為主，其中「史崔克」輪式裝甲車為 258 輛，「陶」式反坦克發射車 9 輛，「標槍」反坦克導彈系統 121 套，120 公釐迫擊炮車 40 輛，機動火炮系統 27 輛。此外，該旅的情報獲取能力非常強，包括無人機、信號情報收集系統、反炮兵雷達，地面監視雷達以及戰術人力情報小隊。它裝備的陸軍戰場指揮系統和「21 世紀部隊」旅及以下系統 (FBCB2) 可以使部隊整合資料庫、計畫軟體、即時態勢感知和數位資訊來計畫和實施作戰行動並直接下達到車輛。

史崔克戰鬥旅以強大的戰略機動和戰區機動能力使諸兵種合成戰鬥隊的能力達到平衡，它擁有寬廣的作戰影響範圍，具有極佳的下車作戰能力。史崔克戰鬥旅的可部署性優於重型旅戰鬥隊，而戰術機動性、防護性能和火力則優於步兵旅戰鬥隊。2003 年 10 月 9 日，美國陸軍準備將第一個史崔克戰鬥旅──第 2 步兵師第 3 旅投入伊拉克。10 月 22 日，裝滿各種武器裝備的運輸船出發，11 月 12 日抵達科威特，人員乘飛機抵達戰區。隨後部隊集結，向預定責任區進發。在 72 小時內，所有裝備均從科威特機動抵達摩蘇爾；在 48 小時內，一個機動作戰營從摩蘇爾出發行進 638 公里抵達納傑夫。12 月 3 日完成戰區部屬，開始承擔作戰行動，實現了當初的快速部屬設想。在後期的戰場上，該旅表現也十分出色，它充分利用其速度和態勢感知能力成功消滅和俘虜了大量敵軍。

然而，要從傳統意義上的步兵旅轉型成為史崔克旅並不是一件簡單的

事，下面我們以第 2 步兵師第 3 旅為例看看其轉型過程。在轉型前，第 2 步兵師第 3 旅包括 2 個坦克營，即第 32 裝甲團 1 營和第 33 裝甲團 1 營；1 個裝甲步兵營，即第 23 步兵團 1 營。根據轉型計畫，將轉為 3 個步兵營，即第 23 步兵團 1 營、第 3 步兵團 2 營和第 20 步兵團 5 營，此外，還要增加 1 個偵察、監視和目標獲取中隊，即第 14 騎兵團第 1 中隊，除了三個騎兵分隊外，該騎兵中隊還包括一個軍事情報連，即作為監視分隊的第 209 軍事情報連，該連擁有一個無人機排，一個核、生化和化學偵察排，一個傳感系統陣列。

第 3 旅過去有一個炮兵營，即第 37 野戰炮團 1 營；一個支援營，即第 296 前方支援營；其他包括第 5 防空炮團第 5 營 C 連、第 168 工兵連等單位。在重組中，失去了坦克營、防空炮兵連以及工兵連，過去的配屬部隊現在則變成連一級的合成部隊。支援營和炮營番號沒變，新的旅下屬單位還包括：第 334 信號連、第 18 工兵連，第 52 步兵團 C 連作為反坦克連加入進來。最先預計整個戰鬥旅需要 309 輛過渡型裝甲車，旅總人數在 3500 人左右。整個旅裝備重達 13000 噸，需要 254 架次的 C-17 才能部署，相比之下，傳統重型旅重 30000 噸，需要 480 架次的運輸才能部署。

由於戰鬥旅主要裝備的是「史崔克」裝甲車，它畢竟屬於高科技的產品，所以必須進行一系列的訓練和演習。2001 年 9 月，試驗部隊進行了旅級戰鬥指揮訓練計畫中的戰士演習；2002 年 4 月，部隊接收了首批「史崔克」裝甲車，2002 年 6 月，第 3 旅開始進行訓練認證。指揮官制訂了相應的計畫，包括第 1 軍的「鬥士演習」、高級射手訓練和對駐地機動演習的外部評估，該評估包括了從班到營級的演練；此外還有兩場在國家訓練中心的作戰訓練演習、在波爾克堡聯合戰備訓練中心的第三場演習等。在「2002 千年挑戰演習」中，該部隊表現非常好，驗證了史崔克戰鬥旅的出色能力。

在 2002 年的一次會議上，時任副參謀長、曾經執掌第 101 空降師和第 18 空降軍的基恩將軍，請求軍史主任重新模擬「二戰」時期的「市場花園」行動，如果 1944 年盟軍在阿納姆有這樣一支部隊的話，結果將會如何？經過重構歷史想定和數學建模，軍史中心模擬了這一場景，但結局並沒有預先設定的好：雖然史崔克戰鬥旅可以很快發現阿納姆東北處叢林中的兩個德軍

裝甲師，並帶著英軍第 1 空降師逃到萊茵河南岸，但阿納姆的大橋仍然很遙遠無法到達，只是無須付出 7500 名傘兵的代價。

最初在國家訓練中心的演習中，第 20 步兵團第 5 營的士兵們已經展示出其對新技術和新的作戰方法的掌握程度。2002 年 12 月，第 3 步兵團第 2 營和第 23 步兵團第 1 營也成功地完成了連級表現評估。下一步就是在旅一級進行戰備展示，只有通過一系列的演習才能證明史崔克旅已經脫離了原型階段，成為一個真正的有機整體，有能力在實戰環境中取勝。

2003 年在國家訓練中心模擬的「中 - 高強度作戰」演習，證明整個史崔克旅可以完成其任務。演習假想敵——第 11 裝甲騎兵團對「M2 布雷德利」戰車的步兵戰術非常熟悉，喜歡根據發現的車輛來推測藍軍的戰鬥計畫，但「史崔克」裝甲車可以運載更多的士兵，高機動性使其部署更遠且更容易回收兵力。由於斯德瑞克旅綜合了重型和輕型兩種特性，對假想敵而言，未預料的下車伏擊對其是個巨大的威脅。

不過由於當時的資訊技術尚未完全成熟，「敵人在哪裡」仍然是一個很大的問題，但「我在哪裡」以及「友鄰在哪裡」已經不是問題。而且隨著資訊技術的發展和車輛的完善，第一支史崔克旅將在戰場上實地檢驗其作戰能力。

2003 年 5 月，史崔克旅在聯合戰備中心進行了名稱為「箭頭閃電」(Arrowhead Lightning) 的測試演習和作戰評估。第 2 步兵師第 3 旅順利通過了作戰評估。由於屬於美國國會授權項目，美國國防部長在其向國會報告中，高度評價了史崔克戰鬥旅的作戰效能和適用性。

聯合戰備測試中心的觀察控制員還目睹了史崔克戰鬥旅的網路中心作戰能力。印象最深刻的是史崔克戰鬥旅所展示的影響敵人決策迴圈的能力——通過態勢感知和形勢理解，輔以機動性和殺傷力，使得史崔克旅具有較強的戰鬥效能。態勢感知和對形勢的理解使得排長可以在較低層級的戰術網和 FBCB2 系統下，具有潛行到敵人近處摧毀敵人的能力，這在以前高登城市戰演習中，還從來沒有看到一個單位能像史崔克戰鬥旅那樣逐個清除建築卻仍然保持極強的戰鬥力來擊敗敵人的反撲。此外，在聯合戰備中心過去

的演習中，要奪取高登城這樣的目標，輕步兵旅須按 2：1 的優勢實施演習。而在此次演習中，史崔克戰鬥旅只需要對等的兵力即可奪取高登城。

另外，在訓練基地過去的輪訓中，沒有一個步兵旅或裝甲旅能夠實施同時的、分散的全部作戰行動，而在此次演習中，史崔克戰鬥旅做到了。當他們準備奪取「黑熊行動區」內的「目標火焰(高登)」的同時，又在準備「短吻鱷行動區」內防禦敵人的旅戰術隊的攻擊，並且還可以進行維穩和支援行動來幫助當地政府。聯合戰備中心估計，戰備良好的史崔克旅可以 1：2 的傷亡比率擊敗假想敵。演習結束後，陸軍副參謀長基恩認為史崔克戰鬥旅已經初步轉型成功，隨即宣佈將該旅部署到伊拉克，接受實戰的檢驗。

一種新型作戰力量的最終發展成熟，除了理念創新與裝備研發外，還需要在訓練或是實戰中進行不斷磨礪，增強其對於現實戰場環境的適應能力。第 2 步兵師第 3 旅最終轉型成為史崔克戰鬥旅正是經過了一系列的訓練、演習和實戰檢驗才得以走上戰場。雖然它在戰場上仍然暴露出很多問題，但是我們不能因為史崔克旅目前存在的不足就完全否定這種新型「模組化部隊」的價值，或許再經過一系列的完善後，史崔克旅最終能夠在世界軍隊之林中「站穩腳跟」，進一步影響到未來陸軍的發展方向。

【案例評析】

史崔克旅，是美國陸軍推行「陸軍轉型」戰略的標杆部隊。部隊能夠在接到命令後的 96 個小時內投入全球任何地方作戰，能夠執行多樣化作戰任務，並具備多兵種聯合作戰能力。第 2 步兵師第 3 旅是美國陸軍的第一個史崔克旅，它的成功轉型在於其經過了一系列的訓練、演習和實戰檢驗。可見，一種新型作戰力量的最終發展成熟，除了理念創新與裝備研發外，還需要在訓練或是實戰中進行不斷磨礪，增強其對於現實戰場環境的適應能力。

【本章小結】

軍事訓練永遠是戰鬥力生成和提高的根本途徑，科學合理的編制體制歷來是軍隊戰鬥力生成的重要因素，軍事訓練的轉變，最終都要物化在一種有效的體制內，才能最迅速、最有效地形成戰鬥力。軍事訓練總是在一定的體

制編制下進行，而軍事訓練作為一種近似實戰的軍事實踐活動對編制體制的優化也具有很重要的促進作用。由於歷史的原因，共軍在編制體制方面有許多方面不能適應建設現代化軍隊、開展正規化訓練的要求。因此，科學合理地調整和革新編制體制，也就成為共軍現代化建設的一項重要內容。

在和平時期，軍隊建設成果難以直接接受戰爭實踐檢驗。如何使軍事訓練比較真實地「代表」戰爭實踐，對各項建設成果行使「檢驗」職能，就成為新時期指導和加強軍隊全面建設的緊迫課題。必須充分發揮資訊化條件下訓練對中國特色軍事變革的促進作用，通過有效的訓練創新發展軍事理論、檢驗完善作戰方案、優化部隊體制編制、促進武器裝備研發和培育官兵戰鬥精神，這是打造共軍基於資訊系統體系作戰能力的必須要求，也是部隊全面建設邁向資訊時代的強烈需求。

第五章　訓練是牽引武器裝備發展的重要推進器

【導讀】

武器裝備是軍事訓練的基本條件，它決定和影響著軍事訓練的內容和形式，例如冷兵器時代，軍隊使用刀、矛、劍、戟等，訓練內容和方法都比較簡單，主要訓練使用兵器的力量、技巧動作和士兵陣型。第二次世界大戰以來，由於導彈、核武器、鐳射製導武器的出現以及電腦的飛速發展，對軍事訓練提出了更高的要求，訓練內容更加複雜、分科更細，方法和手段也更加多樣化。

軍事訓練對武器裝備的發展又具有重要的牽引作用。一是在新老裝備綜合訓練中促進傳統裝備性能的更新。在新裝備設計生產或採購環節，往往忽略與老裝備的配套，軍事訓練可以擔負起探討新老裝備技術戰術衝接協調的重要任務，可以提出改進方案，促進新老裝備性能的提升。二是在新的作戰樣式的探討中引領裝備的立項發展。在軍事訓練中，可以通過對作戰樣式的研究，比較准確地提出武器裝備發展需求，牽引新裝備的立項研發，提高裝備創新發展的實用性。三是通過裝備效能戰術實驗提出裝備完善和改進的意見。新裝備從實驗室或實驗場走向戰場，需要進行多次有針對性的改進，軍事訓練可利用其近似實戰的特點，承擔起裝備綜合實驗任務，並提出較為準確的改進意見，從而保證新裝備在實戰運用中更加得心應手和安全可靠。四是在裝備的全程運用中促進裝備體系配套建設。在使用新裝備訓練的過程中，能夠發現裝備體系配套建設中的問題，提出配套建設的新需求。總體來說，武器裝備從立項、定型、列裝，到爾後的進一步改進，如果不接受軍事訓練的檢驗，不在訓練場領取進入戰場的「入場券」，就很難獲得實戰運用的充分把握。

蘇聯戰鬥英雄洛西克曾經說過：「訓練的基本原則是戰爭需要什麼就訓練什麼。」武器裝備的發展是為了適應戰爭形式變化的需要，訓練則是牽引武器裝備發展的重要推進器。

案例一　從弓到弩的演變說開去

冷兵器時代，隨著遠距離交戰的形式增多，以及戰鬥樣式的靈活性大大增加，部分冷兵器的性能也越來越融合。如刀槍的使用既要力量又要靈敏，弩射既要力量又要人的協調性，騎射既要力量又要協調性，還得要靈敏性等等。從弓到弩的演變最能反映出這種演變的特點。

弓箭是弓與箭的結合體，兩者只有連在一起才稱之為兵器。它們是一個整體的兩個部分，缺一不可。但在操作中，各自發揮的作用是不同的。弓是古代最為常見的也是一種非常重要的兵器，屬於彈射類兵器，是發射箭的裝具，由具有彈性的弓竹和具有韌性的弦構成。人類最初的弓屬單體弓，是人們「弦木為弧」而成。後來，人們發現單是弦木而成的弓彈性不夠好，為了增強弓的彈性，又發明瞭複合弓。這種複合弓以竹木為弓身的主體，然後附上角、披上筋，最後再纏上絲織物。箭則是弓的發射對象，與弓一起構成一種彈射兵器。古書中常稱之為矢，在甲骨文中，「矢」字就像一支箭，前端尖尖的像箭頭，後面寬而中間凹則像箭尾。最初的箭大約就是一根削尖了的竹竿或樹枝，之後，箭頭改進成石鏃或骨鏃，箭尾附上羽毛，這樣就提高了箭頭的擊穿力以及飛行的穩定性與遠度。再後來，當青銅被人們發現與利用時，很快便有了青銅鏃，這就進一步增強了箭的殺傷力。總的來說，弓箭的優點在於輕便靈巧，能遠距離殺傷敵人，缺點是必須一手張弓，一手拉弦，但由於人的臂力與手感方面的原因，距離稍遠准確性不高，殺傷力也不夠，所以後來逐漸被強而有力的弩取而代之，再到槍炮興起，弓箭就逐漸退出了軍事舞臺。

弩是弓演變而來的，是安有張弦裝置的弓。張弦裝置由弩臂及安於其上的弩機構成。弩比弓操作方便，射手可先張弦安箭，再縱弦發射。弓箭手在用力張弦的同時就進行瞄準，因而弩的命中精確度更高。從考古發掘的材料看，大概在原始社會晚期或者至少不晚於商周時期，我們的祖先已經開始使用木製弩了。到東周時期，隨著青銅冶煉技術的提高，出現了青銅弩機，提高了弩的殺傷力。湖南、江蘇、河南、河北等地的戰國中晚期墓葬中，都曾經出土過青銅弩。此時的弩還是憑藉人力張弦，所以叫臂張弩。大約戰國

晚期開始出現了腳踏張弦的蹶張弩，這種弩射程比臂張弩遠出二三倍。西漢時期的弩出現了帶刻度的「望山」，其作用類似於近代步槍上的標尺，射手可按目標的遠近，通過「望山」控制鏃端的高低，調整發射角，以便準確地命中目標。東漢時期出現了腰開弩、床弩等新形式的弩。唐代的軍隊則裝備有七種不同的弩。至宋代，弩得到了長足的發展，主要有蹶張弩和床弩兩大類。這一時期弩的主要特點是：

射程遠、發射連續、攻擊區域大等。

可以看出，弩相對於弓來說，更加講究「快」「准」「狠」，這無疑需要使用者有足夠的手臂力量、有較好的身體協調性、有較強的手感，也要有較好的目測能力。冷兵器性能的綜合程度越高，對操作手的訓練要求也越高，客觀上豐富了古代軍事訓練的內容。

石製兵器時期，兵器的訓練難以考證，但可以推測出的是：當時由於兵器種類少，人們對於戰爭的認識還不深，這種訓練先是無意識的，基本上還是一種父傳子的以身示教，到後來才有了少量的形式簡單的訓練。這些訓練活動，一般接近戰爭中的實戰，人們不會從力量、靈活、協調性等去系統訓練，針對性不強。據《韓非子·五蠹》記載：「當舜之時，有苗不服，禹將伐之，……乃修教三年，執干戚舞，有苗乃服。」可見當時武、舞不分。

進入青銅兵器時期，兵器的訓練得到極大提高，訓練內容有了極大豐富。別的不說，單從射箭的訓練就可窺見一斑。當時有「五射」的記載：一是「白矢」，射箭透靶，見其鏃白；二是「參連」，前射一箭，後射三箭，連發而中；三是「剡注」，用猛力而使箭貫物而過；四是「襄尺」，尊者卑者同時射，但卑者須後退一尺；五是「井儀」，射四箭皆要中靶且成井狀。

到了鐵製兵器時期，兵器的訓練得到了進一步提高，內容也有了進一步的豐富。比如弓箭的使用，因為騎射取代車戰，射箭的方法也就有了很大的改變，增加了馬背上的一些射箭方法與技巧。人們在馬背上射法有很多種，如俯臥式射、側身射、仰身射、回頭射等等，這與在地面上相比，難度大得多，技巧性更高，需要靈活性、協調性、柔韌性與力量等，同時，還要有較高的騎術。又比如戟有四種主要功能，刺、勾、啄、割，由於合在一起的實

用性不強，所以這四種用途後來被新演變出來的幾種兵器分而代之，而這幾種用途專一的兵器就會有各自獨特的訓練方法，相對於具有複合功能的戟來說，訓練手段與方法都要多得多。在鐵製兵器的演變中，可以說，只要是戰場上可以使用的兵器，如刀、槍、劍、棍等，將士們平時就要去操練。這些操練的技藝逐漸傳到民間，被人們整理與發揚，便成為武藝的源頭，於是也有了民間的十八般武藝之說。

隨著冷兵器的操作變得越發靈巧，人們的意識也就相應發生了變化，在訓練過程中便開始了對靈敏性訓練的重視，以使自己更好地在戰場上靈活作戰。

在青銅兵器時期，中國一些大的戰爭都在北方，由於北方平原多，軍隊之間的戰爭一般都在寬闊的平原上進行，車戰的整體性與衝擊性有利於作戰，所以在當時成為普遍的作戰方式。後來，戰爭的重點區域向南方過渡，軍隊之間在山地作戰的機會更多，車戰的笨拙就顯現出來了，於是被更為靈活的作戰方式所取代。車戰上士兵所持的長矛由於過長，使用不方便，後來經過改進，變短、變靈巧了。

進入鐵製兵器時期，騎射逐步取代了車戰。騎兵作戰比車戰就靈活得多，所使用的器械也靈便得多。騎在馬上使槍、射箭，這些都需要使用者有很好的靈敏性。所以，人們在戰前不得不加強靈敏性訓練。《魏書·李孝伯傳》載：「李波小妹字雍容，褰裙逐馬如卷蓬，左射右射必疊雙。婦女尚如此，男子安可逢。」可見後來騎射能手眾多，騎射的靈敏性相當高，但這種能力不是天生的，要經過訓練才能培養出來。

又比如，為了適應近身作戰，演變出不少短小精悍的兵器，比較常見的有：大刀變小刀、長劍變短劍、長戈變短鉤等。這些短小精悍的兵器，在使用中，強調的是快、靈、巧，所以人們需要的主要素質是人的協調性與靈敏性。古代有不少將領使用雙鉤，左右手各持一鉤，長度與劍相仿，這種短兵器在戰場上對付長矛、長槍，光靠力量是不行的，更需要人的靈敏性。可以說，當短兵器與長兵器對陣時，短兵器的優勢就是靈巧，如果沒有人的靈敏性的發揮，它的短小就變成它的劣勢。

　　總之，武器的發展變化，對使用者的多種素質和綜合能力要求越高，人們對這些能力、素質的訓練也是在實踐中認識總結出來的，並不斷用於實踐，成為軍事訓練的重要組成部分。

【案例評析】

　　從弓到弩、從車戰到騎射，武器裝備的發展是為了適應戰爭樣式變化的需要，同時，武器裝備的變化也改變著軍事訓練的內容和方式。例如，弩相對於弓來說，更加講究「快」「准」「狠」，這就要求操作的士兵有足夠的手臂力量、有較好的身體協調性、有較強的手感、也要有較好的目測能力，可見，武器的發展，其複雜程度和性能的綜合程度越高。這對操作手的訓練要求也越高，客觀上豐富了軍事訓練的內容和訓練形式，進一步推動了戰鬥力的整體提升。

案例二　冷兵器時代的練兵

　　在冷兵器時代的中國古代戰爭中，短兵相接成了雙方將士最常見的對抗，因此士兵身體的強壯程度及各種兵器的熟練使用將直接決定戰鬥的勝負及戰爭的進程。隨著戰爭模式的演變，對軍隊訓練也有不同要求。

　　西周時士以上的貴族必須掌握的「六藝」是：禮、樂、射、御、書、數，前四藝都和軍事訓練有關。

　　「禮」主要是「五禮」，其中就有「兵禮」，是戰場紀律和交戰規則。「樂」既包括「師出以律」（戰時調整士兵步伐的音樂），也包括「武舞」，是手持幹（盾牌）戚（戰斧）的舞蹈，實際上就是練習步戰格鬥。

　　「射」就是射箭，這是最主要的軍事訓練項目。除了平時勤學苦練外，朝廷以及各諸侯國還要經常性地組織比賽。據說這種比賽每年舉行幾次，最重要的是「大射」，是在宮殿前舉行的全國性比賽。在諸侯朝見周王以及周王設宴招待諸侯時，也要舉行「賓射」「燕射」助興。平民「國人」也要進行射箭比賽，稱之為「鄉射」，每年在春、秋兩季各舉行一次。

　　「御」是駕馭戰車，當時戰車要靠四匹馬拉動，而馬的輓具還很不合理，馭手全憑馬轡控制馬匹，使四匹馬步調一致要有相當的技巧。尤其是戰車很高（車輪直徑一般在 1.4 公尺左右），車廂又短，轉彎時很容易翻車。這些都要經過長時間的練習。另外還要練習從飛馳的戰車上迅速地跳下跳上，以適應車上、車下作戰。西周時朝廷每年還要進行軍事演習性質的大規模圍獵活動，據說每年的仲春季節注重戰鬥隊形的演練，以及步兵的佇列訓練，包括「坐作、進退、疾徐、疏數」；每年的仲夏季節演練野戰宿營、夜間的警戒；每年的仲冬季節大規模圍獵「大閱」，完全按照作戰的要求集結軍隊，按時出動，以旗號金鼓指揮，實施衝鋒、包圍、追擊等活動，並按戰鬥隊形圍獵。

　　春秋戰國時期的軍事訓練普及到全體平民士兵，而訓練的主要內容也是射箭。春秋時吳王闔閭在與越國的戰爭中受傷身死，太子夫差繼承王位後，「以伯嚭為太宰，習戰射」，二年後伐越，大獲全勝。《韓非子》稱，戰國初年李悝為魏文侯的「上地之守」，為了當地百姓「善射」，下令凡是疑難

訴訟案件無法解決的，就由雙方當事人比賽射箭，「中之者勝，不中者負」。於是百姓「皆疾習射，日夜不休」。後來與秦國作戰，因士兵善射而獲勝。更著名的是趙武靈王「胡服騎射」的改革，為了便於騎馬和射箭，連服裝也都要改革。後來趙國名將李牧，長期守衛趙國北部邊境，為戰勝前來襲擾的匈奴，每天殺幾頭牛犒勞士兵，督促士兵練習射箭騎馬，使匈奴不敢來犯。

除了要求練習掌握射箭技能外，當時的軍事訓練內容還包括嚴格的佇列操練，以養成士兵對於軍隊紀律習慣性的機械式服從本能，以及在近戰格鬥能夠保持佇列，赴湯蹈火，不敢猶豫。如孫武向吳國國君演示兵法，讓宮女們進行佇列訓練，將不聽指揮的宮女斬首示眾，於是號令一下，佇列整齊劃一。

西漢時軍隊仍然著重於射箭訓練。從居延發現的漢代竹簡中可以看出，當時規定每年要對邊防軍隊的下級軍官「侯長」等進行射箭考核，12 箭中至少要有 6 箭中靶才算合格，中 6 箭以上者，可以「賜勞」15 日 (算作完成 15 個標準訓練日)，可縮短服役期或給予其他的獎賞。此外還注重騎兵的騎術訓練。西漢時在步兵中又推廣「蹴鞠」作為軍事訓練輔助項目。蹴鞠是古代的足球，具體的規則現在已難以考證，據說在戰國時齊國、楚國已很流行。西漢軍隊推廣這項運動，衛青、霍去病等將領領兵出塞，即使在荒漠地區紮營，也仍然要開闢球場。這是為了鍛煉士兵的體力和身體靈活性，當時都將這項運動視為「兵技巧」。此外還開展角抵 (摔跤)、徒手搏鬥等訓練。

據《舊唐書》記載，唐代府兵的日常訓練主要有「習射」和「唱大角歌」。前者是指練習射箭，後者是指每年冬天由本地折衝都尉指揮，以大角為號進行佇列演練。職業兵射箭技藝要求比較高，比如對於羽林飛騎士兵，要求能夠開「伏遠弩」，射遠 300 步，4 發 2 中；「臂張弩」射遠 230 步，4 發 2 中；「角弓弩」射遠 200 步，4 發 3 中；「單弓弩」射遠 160 步，4 發 2 中。

宋代建立起的雇傭職業軍隊，在禁軍編制中專門設置「教頭」的職務，專職訓練士兵的戰鬥技能，但是士兵最基礎的訓練還是射箭。宋朝人華嶽說，36 種兵器首推弓箭，而 18 般武藝射箭為第一。宋代的制度，一般的弓箭手用的弓為 1 石 2 鬥的拉力 (約 120 公斤左右)，在有效射程 60 步 (約 90

公尺)距離以上，發射 12 支箭能中 6 支才算合格。對於軍隊訓練水平的考核也主要看士兵開弓的力度和射靶成績。《武經總要》認為軍隊教習射箭，首先要求能射准，其次才是能射遠。禁軍士兵平時 80% 的訓練內容是練習弓弩，其次才是槍、盾牌格鬥。

　　兩宋的軍隊訓練水平總體來說比較低。明代建國後建立的士兵制軍隊，由於軍戶的大部分時間需要種田養家，訓練程度也不是很高。明中期組建起雇傭性質的職業軍隊後，一些將領開展精兵訓練，收到很好的效果。其中最為著名的就是戚繼光組建的「戚家軍」。後來戚繼光將他的訓練方法編成書籍《練兵實紀》，對以後的軍隊訓練產生了重大影響。《練兵實紀》主張軍隊採用精兵主義，要求士兵在軍事訓練中「練膽氣」「練耳目」「練手足」「練陣營」。針對當時火器已成為軍隊的主要武器，而火器發射速度慢需要格鬥兵器保護的特點，大力訓練士兵發射火器的速度與精度，強調士兵對於格鬥兵器的掌握，還要求士兵練足力，能夠一口氣跑一里路而不喘氣。規定將士兵訓練成績列為九個等級，嚴格按等級進行賞罰。而且強調訓練要實用，如對弓箭手的要求是射程不必太遠(平時練習 80 步的靶子)，著重練習射箭的準確性和貫穿力。這一套軍隊訓練方法後來被清朝軍隊繼承，尤其是晚清的湘、淮軍，訓練方法及制度都是從《練兵實紀》裡發展出來的。

　　總之，冷兵器是機器能主導的作戰工具，基本上以近戰殺傷為主，冷兵器的訓練對身體的活動有較大的依賴性，因此，冷兵器時期的練兵自始至終伴隨著兵器的演變而演變、發展而發展。

【案例評析】

　　墨子說：「庫無備兵，雖有義不能征無義。」做好戰爭準備的士兵只有通過平日裡的刻苦訓練產生，在冷兵器時代的戰爭中，短兵相接成了雙方將士最常見的對抗，因此，中國古代的軍事訓練主要分為「術」「操」兩大類。所謂術，就是單兵搏鬥廝殺的技術，以及根據裝備的兵器進行戈、矛、劍、戟的適用技術訓練。所謂「操」，就是「陣法」演練，即戰鬥隊形、進退鼓號和旗語、利用地形地物等等的演習訓練。時代在進步，戰爭樣式發生了巨大的變化，但這些訓練方式對我們今天的軍事訓練仍然有著極大的借鑑意義。

案例三　朝鮮戰場上的迫擊炮

1953 年 6 月 10 日，朝鮮戰場經過 3 年的激戰後，中國人民志願軍在金城地區發起大規模反攻。我方集中 24 萬兵力，1400 門榴彈炮、加農炮、迫擊炮，向敵人陣地進行猛烈突擊。無數炮彈如同暴風驟雨般地傾瀉到敵人陣地，短短一小時內，共軍就突破了敵人 4 個師 25 公里的防禦正面，突入敵防禦縱深 15 公里，收復土地 240 平方公里。戰鬥持續到 7 月，敵人終於難以支持下去，被迫簽訂停戰協定。歷時 3 年多的朝鮮戰爭宣告結束。

在這次大規模炮火襲擊中，志願軍使用了一種新式武器，這就是 53 式 82 公釐迫擊炮。在此以前，雖然解放軍也裝備過幾種迫擊炮，不過它們大多是從敵人手裡繳獲或從蘇聯購買的。但是人民軍隊不能長期依靠繳獲的武器或外國的武器與敵人打仗，因此，中國決心大力發展本國的國防科研事業和軍工生產企業，用自己設計、製造的武器裝備自己的軍隊。53 式 82 公釐迫擊炮，就是中華人民共和國成立後最早自行研製的武器中的一種。

1950 年代初期，中華人民共和國剛剛誕生不久，國家受到多年戰爭創傷，經濟處於十分困難的狀況，科學技術還很不發達，要想自己設計、製造武器，面臨著許許多多的困難。從國民黨手裡繳獲的舊式迫擊炮，性能一般比較落後，已經不能適應現代化戰爭需要。而蘇聯在火炮設計方面有著豐富的經驗，為此中國的火炮設計工程師借鑒蘇聯同類迫擊炮的經驗，設計製造出了第一種 82 公釐迫擊炮。這種炮的炮身由單筒滑膛炮管和炮尾組成，炮尾中裝有擊發裝置，炮管的下端與炮尾的平面緊密地貼合在一起，這樣，射擊的時候就可以把高溫高壓的火藥氣體密閉在裡面。炮尾部有個圓形的座鈑，射擊時炮管後座的力量通過座鈑傳到地面。炮管的前部裝有一副雙腳式支架，上面還有方向機、高低機和彈簧緩衝裝置。射擊時炮手支起炮架，埋好座鈑，轉動方向機和高低機，把炮管調整到所需要的角度，裝進炮彈就可以射擊。

這種炮的炮管重量是 17.5 公斤，比蘇聯的炮管要輕 2 公斤。座鈑重 15.5 公斤、比蘇聯的座鈑輕 5 公斤。由於減輕了重量，戰士攜帶起來更加方便，這也是根據中國士兵的體力情況進行精心設計的。它的重量雖然減輕了，但

是作戰性能並沒有下降。最大射程仍是 3040 公尺，與蘇聯火炮達到同樣水平。它的最小射程從 100 公尺減到 85 公尺，也就是說蘇聯的 82 公釐迫擊炮只能打到 100 公尺以外的目標，距離再近就打不著了，而我們的迫擊炮可以打到 85 公尺的目標，攻擊近距離目標時更加有利。它發射的炮彈有殺傷榴彈、鋼珠彈、照明彈、發煙彈等多種，可以根據不同戰鬥情況發射不同的炮彈，戰場上使用起來非常方便。由於它有這麼多優點，因此發到部隊以後很受戰士的歡迎，在朝鮮戰爭後期發揮了重要的作用，戰士親切地稱呼它為「我們的迫擊炮」。

然而，世界上的任何事情都是在不斷變化、不斷發展的。這種武器在最初使用的幾年，大家還很滿意。可是以後部隊在行軍中發現，它的重量還是太重了一些，如果能進一步減輕重量，戰士在戰場上攜帶和操作使用還要更加方便。意見反映到科研單位以後，他們決定根據戰士的意見，再設計一種更輕的迫擊炮。經過反復研究，考慮到原來的迫擊炮還將在部隊使用，新設計的炮應該與舊炮的彈道性能保持一致，兩種炮要盡可能地保持通用性。為此決定對炮的結構作進一步改進，並採用重量稍輕、強度較高的鋼材來製造炮身、炮架。經過採用多種技術措施，終於製造出了一種輕型 82 公釐迫擊炮。經過國家靶場鑑定和部隊使用試驗，發射了幾千發炮彈以後，一致認為達到了所提出的戰術技術要求，最後在 60 年代末正式批准大量生產，從 70 年代起裝備到步兵部隊。

新式 82 公釐迫擊炮的最大射程、最小射程、方向射界、高低射界都與舊炮保持一樣，但是重量得到很大降低。它的炮管重 13 公斤，炮架的重量從 19 公斤減到只有 10 公斤。圓形座鈑改成三角形的，重量減到 12 公斤。這樣，整個炮的重量減輕了 17 公斤，全重不到 36 公斤，攜帶和操作就方便多了。

新炮雖然減輕了重量，但是射擊時仍保持了很好的穩定性。而且在緊急情況下甚至不用挖座鈑坑就可以直接放在地上射擊。必要時還可以用很小的射角進行水平方向的射擊，這就更增加了戰鬥使用的靈活性。這種火炮從1970 年代起裝備到共軍的步兵營，用來殲滅或壓制有生力量，破壞輕型野戰工事或各種障礙物，為步兵開闢前進的通路；殺傷正在空降的傘兵，特別

是摧毀躲藏在遮蔽物背後的敵人或武器裝備；此外還可以發射照明彈，對敵人陣地進行照明後用其他武器進行襲擊。

　　隨著時代的發展，目前性能更優的 PP87 式 82 公釐迫擊炮，以及新型的 82 公釐自行迫擊炮、速射迫擊炮等已陸續裝備部隊，成為解放軍陸軍的制式裝備。

【案例評析】

　　朝鮮戰爭的需要催生了中國自行研製的武器 53 式 82 公釐迫擊炮，時代的發展、部隊的要求也促使新式 82 公釐迫擊炮、PP87 式 82 公釐迫擊炮的誕生，在可以預料的將來，性能更優、射程更遠、精度更准的新型武器必將層出不窮。現代武器的超遠程打擊、高機動性能、全方位偵察，以及高資訊處理技術，對士兵的訓練提出了新的要求，擴充了軍事訓練的內容和方式。同時，軍事訓練也可利用其近似實戰的特點，為武器裝備的發展提供新課題，承擔起新裝備綜合實驗任務，共同推動共軍戰鬥力的提升。

案例四　「喀秋莎」之歌

「正當梨花開遍天涯，河上飄著柔曼的輕紗；喀秋莎站在那峻峭的岸上，歌聲好像明媚的春光……」

這首優美動聽的抒情歌曲，在第二次世界大戰的蘇軍戰士中廣泛流傳。幾十年來，這歌聲傳遍五洲四海，它傳頌著美麗的喀秋莎姑娘與紅軍戰士的純真愛情，也傳頌著另一個「喀秋莎」的傳奇故事。

那是在 1941 年的夏天，法西斯德國軍隊在佔領了波蘭、比利時、法國、丹麥等國以後，繼而揮師東進向蘇聯發起大規模的突然襲擊。7 月 15 日，德國一支軍隊進犯第聶伯河畔的白俄羅斯奧爾沙市。下午 2 時許，氣勢洶洶的德國軍隊攻佔了火車站，車站周圍，聚集了大批坦克、裝甲車和德國士兵。在短暫的休整時，坦克手從悶得透不過氣來的坦克中爬出來，各種車輛停在路旁等待加油和檢修。三五成群的士兵卸下沉重的武器裝備，在陽光下用餐、休息。突然間，周圍響起了一陣陣驚天動地的爆炸聲，無數炮彈從四面八方鋪天蓋地襲來。坦克的炮塔被炸得飛向空中，彈藥車中彈後燃起熊熊烈火，連鎖反應般地炸毀了四周的車輛和武器。死傷的德國兵不計其數，倖免於難的人嚎叫著四處逃竄。

德軍指揮部接到報告後大為震驚，情報人員很快瞭解到奧爾沙戰鬥的真相是：蘇軍炮兵上尉費列洛夫指揮一個炮兵連，從幾公里外的隱蔽陣地，指揮全連剛得到的 5 門新式火箭炮猛烈射擊，造成德軍重大傷亡。這種新式武器的正式型號是 BM-13 式火箭炮，炮身上刻有一個「K」字，紅軍戰士非常喜歡這種武器，用心愛姑娘的名字「喀秋莎」來稱呼它。

「喀秋莎」初次出征一鳴驚人，然而它的誕生卻經歷了一段漫長而曲折的過程。

蘇聯火箭專家為了適應戰爭需要，提出了利用載重車發射多發火箭的設想。他們對火箭發動機的各種推進劑進行反復試驗，並設計試製了 82 公釐和 132 公釐兩種直徑的火箭彈進一步試驗。最初，火箭彈飛行時極不穩定，飛不多遠就搖搖晃晃地掉到地上。經過無數次試驗和改進，終於使火箭彈平穩地飛行了將近 400 公尺。以後又經過幾年的試驗，飛行距離逐漸增大到

1600 公尺、2400 公尺、3800 公尺。艱苦的研究工作一直持續到 30 年代，終於取得了令人滿意的結果：82 公釐的火箭彈射程達到 5000 公尺，132 公釐火箭彈射程達到了 6800 公尺。1939 年夏天，蘇軍在哈勒欣河附近與日軍作戰時首次從一架戰鬥機上向地面發射火箭彈，取得了良好的效果。

　　然而在多次地面射擊試驗中取得的結果常常令人失望。裝在載重車上的發射架在射擊時不穩定，結果射出的火箭彈落到目標區時散佈的範圍很大；而且，戰士操作這種新式武器的程式複雜，需要花費很長時間。經過反復研究試驗，發現問題出在三聯裝發射架的設計和安裝方式上。當時的發射架是橫向安裝在車體後部的，就像軍艦上的艦炮從側面射擊一樣。由於車輛的承受能力和方向不合理，造成明顯的不穩定。之後改用「吉斯 -6」型載重車，並將發射架轉動 90°，使它與載重車呈縱向設置，炮手可以方便地從車尾部裝送彈藥，火箭彈越過駕駛艙頂部向正前方向飛出，這樣大大提高了射擊的穩定性。與此同時對發射架的結構加以改進，改用一排工字型發射軌，8 根鋼軌並列在一起，每根軌的上、下兩側各裝 1 發彈。整個發射架裝在一具回轉式支架上，便於進行方向和高低調整。為了提高射擊時的穩定性，還在發射車的後部用千斤頂固定住。

　　經過一系列改進後，「喀秋莎」的性能有了顯著提高。熟練的炮手可以在 8~10 秒內發射出 16 枚火箭彈，最大射程從原來不到 7000 公尺增加到了 8500 公尺，射擊精度也有了很大提高。1941 年 6 月 21 日，史達林下令正式投入生產。第二天，德軍便大舉入侵蘇聯。兵工廠開足馬力夜以繼日地加緊生產，不到一個月的時間趕制出 5 門樣炮，立即送到前線投入戰鬥，狠狠打擊了德國法西斯的囂張氣焰。

　　以後，蘇聯火箭專家和兵工廠再接再厲，在「喀秋莎」的基礎上不斷改進，製成了多種性能更先進的火箭炮。在著名的史達林格勒戰役和其他重要戰役中，蘇聯紅軍火箭炮師的 3000 多門火箭炮發揮了重要的作用。

【案例評析】

　　在第二次世界大戰期間，「喀秋莎」的動人歌聲伴隨著「喀秋莎」火箭炮刮起的濃濃硝煙烈火，橫掃了整個蘇德戰場。該炮射擊火力兇猛，殺傷範

圍大，是一種大面積消滅敵人密集部隊、壓制敵火力配系和摧毀敵防禦工事的有效武器。雖然研製這種武器花費了無數人的心血，戰士們操作這種新式武器程式複雜，需要付出格外的辛勞，但是，「喀秋莎」火箭炮在第二次世界大戰中發揮了重要作用，關鍵時刻盡顯神威，被稱為「炮兵之王」，而經過訓練的火箭炮操作手則成為當時蘇聯軍中最受歡迎的人。

案例五　可怕的「鋼雨」

　　1990 年代的波斯灣戰爭，是一場大規模的高技術、高強度的現代化戰爭。美國、英國、法國等 10 多個國家聯合起來，出動 12 萬架次飛機，對伊拉克進行超大規模的飽和轟炸。出動大量主戰坦克、步兵戰車，對地面目標進行猛烈襲擊。在短短幾天時間裡，摧毀了伊拉克的機場、鐵路、橋樑、發電廠等重要軍事目標，破壞了伊軍的指揮、偵察、通信、後勤系統。伊拉克的軍事體系遭到徹底破壞，損失極其慘重，最後不得不無條件投降。

　　奇怪的是，戰鬥在陣地上的伊拉克士兵，他們害怕的並不是美國的隱形飛機、巡航導彈，也不是航空母艦、主戰坦克，而是美國施放的一種「鋼雨」。「鋼雨」鋪天蓋地從空中襲來，士兵們驚惶失措無處躲藏，往往遭到致命的傷害。施放這種「鋼雨」的武器，就是美國新製成的大威力火箭炮。

　　美國的火箭炮在戰場上發揮了重要的作用，然而它的研製成功卻經歷了一番波折。

　　原來，在第二次世界大戰的時候，當蘇聯製造出「喀秋莎」火箭炮以後不久，美國也研製成功了幾種火箭炮。有的火箭炮利用輕型裝甲車改裝，共有 96 個炮管，有很強的機動能力和火力突擊能力，在戰場上沉重地打擊了德國鬼子。可是戰爭結束以後，美國人看到了原子武器和導彈、火箭在現代戰爭中的重要作用，因此全力以赴拼命研究這些尖端武器。對於地面部隊使用的常規武器，卻不太重視。特別是有些軍事指揮官認為，火箭炮射擊的時候煙霧和雜訊很大，容易暴露目標。它發射的火箭彈飛行速度比較低，普通炮彈飛行速度每秒 600~850 公尺，火箭彈只有 600 公尺左右。它在飛行中受到風向、風力和其他因素的影響，往往偏離目標較遠，命中精度較差。因此他們認為火箭炮並不是一種理想的武器，而醉心於彈道導彈等新式武器。由於使用觀點的不同，在 1950 年代至 70 年代，美國並沒有認真地研究設計火箭炮，只是在某些化學兵部隊，裝備一種小型火箭炮，準備用來發射化學彈。此後也因為威力太小而淘汰，結果部隊裝備出現了空白狀態。

　　然而在同一時期，蘇聯卻大力發展各種性能先進的「喀秋莎」火箭炮。蘇軍認為，一門火箭炮有十幾個炮管，有的甚至有幾十個炮管，在不到 1 分

鐘時間裡把幾十發火箭彈突然投射到敵人陣地上，不但有很強的破壞、殺傷作用，而且給敵人在心理上造成極大威脅，起到強大的震撼和威懾作用，這是其他武器所達不到的。火箭炮的精度稍差一些，可是幾十發火箭彈爆炸後產生成千上萬的破片，可以大面積地殺傷敵人，也可略微彌補精度不足的缺點。正是在這樣的思想指導下，蘇聯大量裝備各種不同類型的火箭炮，而且出口到許多第三世界國家，深受這些國家的歡迎。美國由於長期受到偏見的困惑，結果在火箭炮的研究中遠遠落後於蘇聯。

針對這種狀況，美軍火箭導彈研究局決定更新觀念，立刻組織工程師研究新式火箭炮。陸軍首先撥出 90 萬美元，與 5 家軍火制造公司簽訂合同，研究、論證新式火箭炮的設計方案。接著，與其中的 2 家公司——波音公司和沃特公司進一步簽訂樣炮試製合同。要求在 29 個月內製造出 6 門樣炮和 150 發火箭彈，便於進行射擊試驗和技術鑒定，陸軍將為這項研究提供 6400 萬美元經費。此外又與福特汽車公司簽訂 1200 萬美元的合同，要求公司在 18 個月內製造出 7 輛裝載火箭炮的裝甲車。整個研究、試製、裝備計畫，預計在 12 年內完成，國防部將為這項研究撥款 4 億 7 千萬美元。陸軍要求新式火箭炮能在 1990 年代和 21 世紀的戰場上使用，因此要有強大的火力、高度的機動能力和防護能力，提高自動化程度和快速反應能力，希望裝備這種新式武器以後大大提高炮兵的作戰能力。

軍火公司接受這項任務後，深感肩上責任重大，立刻抽調經驗豐富的火炮設計專家和專業工程技術人員，夜以繼日地進行設計、論證、計算、試驗。他們感到最棘手的問題是怎樣實現軍方提出的要求：既能具有先進的水平，又要儘量縮短研製時間、降低生產武器的成本。他們研究了未來戰爭的特點，對蘇聯各種火箭炮的設計進行了詳細的分析，對許多方案進行了對比和計算，最後提出了自己的設計方案。為了能儘快製造出樣炮，他們對當時裝甲部隊使用的步兵戰車進行了改裝。這種戰車具有良好的越野機動性能，可以伴隨裝甲部隊快速行動，並有良好的裝甲防護性能。改裝後的車體後部，安放 2 個長方形的發射箱。2 個箱子的外形工整，乍一看就像普通運貨的集裝箱。這樣既便於用吊車吊運，又有一定偽裝、隱蔽的效果。行軍狀態發射箱水平地放在車上，就像一輛普通的運貨車。進入發射陣地後，利用電力液

壓傳動機構，可以迅速架起發射箱對目標進行瞄準射擊。

在每個發射箱裡，整齊地排著上下兩層共 6 個發射管，每個管裡裝有 1 發火箭彈。採用這種集裝箱式的發射箱，運輸、貯存、裝彈都十分方便。射擊完畢以後，用吊車卸下兩個空箱，裝上兩個新箱就可以繼續射擊，不用一發一發地單獨進行裝彈。為了進一步提高快速反應能力，炮上裝有先進的火控系統，只要按動按鈕，龐大的火箭炮就可以自動進行高低轉動，精確地指向目標的方向。再複雜的地形，也可以自動測定炮車所在的地理位置。車內裝有三防裝置，可以在核、生、化污染的環境中安全地作戰。

火箭炮的強大火力是由火箭彈提供的。每發火箭彈的長度約有 4 公尺，直徑 227 公釐，全重 310 公斤。它的戰鬥部裡面裝有 644 個 M77 式子彈。這種子彈爆炸時不但可以殺傷有生力量，而且可以擊穿 100 公釐厚的裝甲，所以它叫作雙用途子母彈。母彈上裝有電子引信，它可以控制子彈在最適宜的高度拋撒出來。一次齊射時，12 發火箭彈在 760 公尺高的空中拋撒出 7728 顆子彈，可以覆蓋相當於 6 個足球場那樣大小的面積。如果用幾十門火箭炮在極短的時間裡進行急速射擊，無數子彈暴風驟雨般地從天空中襲來。如同銳利無比的「鋼雨」打到身上，任何人遇到這種「鋼雨」襲擊，都無法死裡逃生。

新式火箭炮初次出戰就旗開得勝，美國陸軍感到十分滿意。波斯灣戰爭後，他們總結了波斯灣戰場上火箭炮的使用情況，又提出了新的改進計畫。

【案例評析】

如果說蘇聯的「喀秋莎」火箭炮在「二戰」中發揮了重要作用，到波斯灣戰爭時，美軍新式火箭炮產生的「鋼雨」更是取得了可怕的戰爭效果。在跨越 21 世紀的風雲變幻中，威力強大的新式武器層出不窮。高技術武器的大量列裝，對軍人的素質提出了更高的要求，對軍事訓練也提出了更高的要求，如何適應高科技的發展，提高士兵的綜合素質和科學技術水平，如何操控可怕的「鋼雨」，如何在可怕的「鋼雨」面前爭奪主動權，贏得戰爭的勝利，這是殘酷的現實對共軍軍事改革和軍事訓練提出的新課題。

案例六　初生蛟龍鬧深海

　　麻六甲海峽，風急浪高。2007 年 5 月，「第二屆西太平洋海軍論壇多邊海上演習」在這裡舉行。在這場由 12 個國家軍艦參加的演習中，中國海軍「襄樊」艦表現出色，贏得主辦方高度讚揚。

　　「襄樊」艦是一艘出廠不久的新型戰艦。艦長王臨江說：「新型艦艇出廠後，都要經過訓練中心全訓形成戰鬥力，再編入部隊戰鬥序列。戰艦這麼快形成戰鬥力，南海艦隊訓練中心功不可沒！」

　　首先就是創立了「滾動式組訓」模式。2007 年，在該訓練中心與「襄樊」艦一起完成全訓的還有數十艘艦艇。其中，既有新裝備艦艇；又有艦齡老的艦艇；既有驅護艦，又有登陸艦、獵潛艇和導護艇；同時還有大型綜合補給船。艦型複雜，基礎參差不齊，給組訓帶來很大難度。為此，中心大膽改革，打破了過去以年度為週期每年只承訓一批艦艇的組訓方式，在海軍範圍內率先構建了「滾動式組訓」新模式，使參訓艦艇隨到隨訓，直到完成大綱規定的全部訓練指標。

　　2007 年夏天，「珠海」艦進駐訓練中心。該艦是一艘新型艦艇，按照以往慣例，訓練只能再等來年。新的組訓模式讓「珠海」艦當月進駐中心，當月便接受了科目訓練，戰鬥力生成時間整整提前了 1 年。

　　隨著組訓新模式的不斷完善，該中心年承訓數量大幅增長，提高了艦艇單艦全訓效益。目前，中心承接訓練任務是 3 年前的 3 倍。

　　在新組訓模式的基礎上，中心還為每一艘新戰艦制訂了「個性化訓練方案」。2007 年初，某新型驅逐艦出廠後到南海試航。中心主任張樂意組織 30 多名教練艦長隨艦出海見學。他們發現，新艦與老艦相比，武器裝備發生了質的變化，意識到組訓方式和訓練手段必須隨之改變。為此，他們組成聯合調研組深入廠家和新戰艦原建制單位調研摸底，21 次邀請專家來中心授課，派遣 175 人次教學骨幹外出培訓，先後編寫了《新型艦艇模擬訓練實施細則》《新型艦艇考核細則》等 17 種訓練規章，製作了上百套多媒體教學課件，為新戰艦量身打造「個性化訓練方案」。他們還與院校聯合開發了艦艇綜合類比訓練系統、編隊攻潛系統訓練儀、新型護衛艦抗沉模型等一批

訓練模擬設施。

戰鬥力的快速生成，也離不開訓練內容和訓練時間的落實。

2007 年秋，南海某海域。10 多艘驅護艦、登陸艦組成的艦艇聯合編隊進行火炮射擊訓練。突然，海上狂風怒號，巨浪滔天。「這樣的天氣哪裡適合海上實彈射擊？」有人提出了返航的建議。

「等好天氣練不出戰鬥力！」中心黨委意見堅決。在隨後的訓練中，編隊刷新了一個個紀錄：首次夜間對海射擊、首次夜間離靠漂泊艦、首次海上拖帶、首次無預先目標攻擊。

2007 年 10 月下旬，某新型登陸艦進行最後一次搶灘訓練考核時，後錨發生故障。強行搶灘，勢必造成艦艇打橫擱淺。此前，該艦已先後進行過18 次搶灘訓練，有人建議最後這次就算了。主考的黃春風教練艦長說：「大綱是法規，19 次的訓練標準一次也不能少！」最後，該艦整建制換乘到另一艘同型號登陸艦上，完成了最後一次考核。

近些年，中心先後組織數十次編隊出海訓練，消耗各種彈藥數十萬發，軍事訓練和安全管理取得雙豐收。

某護衛艦一位副艦長在一次考試中意外失手，儘管擔任主考的教練艦長是這位副艦長的老領導，但仍毫不猶豫地給他亮了「紅燈」。

「不講情面確實不太容易。」中心張樂意主任說。該中心從各級領導到教練艦長，大部分是從艦艇一線部隊調來的，與參訓的艦艇長都是老戰友。但每逢考核，中心上下從不徇私情。他們有一個「統一口徑」：「我們放過你，敵人不會放過你！」

過去，有的科目只進行書面理論考試。如今，中心依據新《大綱》要求，增加了現場答辯。過去，海上實操考核，參考艦艇只要按照預訂方案實施就可以了。如今，海上攻防對抗考核只給搜索範圍，不給攻擊目標具體位置，由艦艇自行搜索，視情下達攻擊決心，大大增加了訓練難度。數十艘驅護艦、登陸艦、獵潛艇和導彈護衛艇百煉成鋼，走出「搖籃」馳騁海戰場。

【案例評析】

　　「我們放過你，敵人不會放過你！」這是南海艦隊艦艇訓練中心的口頭禪。在中國的南海，新型艦艇出廠後，都要經過訓練中心全訓，再編入部隊戰鬥序列，這裡是「訓練出戰鬥力」最為典型的體現。隨著導彈武器和電子、核動力技術大量裝備艦艇，艦艇部隊的機動性和快速反應能力大大提高，綜合訓練提到更加重要的位置。在訓練中，也出現了許多問題，如新老裝備混雜對接不暢、不同作戰編組協同困難、資訊化建設瓶頸制約等，正是通過訓練發現問題、解決問題，才能真正實現「平時多流汗，戰時少流血」，確保共軍「能打仗，打勝仗」。

案例七　耀眼明星「阿帕契」

在直升機的大家族中，武裝直升機「阿帕契」算得上是最耀眼的明星。它是一個攻擊能力和生存能力強大的頂級直升機。從它誕生之日起一直到現在，演繹了非常多的戰場傳奇，也隨著它在實戰和訓練中的應用，得到不斷改進和優化。自交付部隊使用以來，「阿帕契」陸續推出了 AH-64A，AH-64B，AH-64C，AH-64D 和 AH-64E 五種型號。

1972 年底，由於 AH-1「眼鏡蛇」直升機在越戰中的良好表現，美國陸軍決心發展更先進的戰鬥直升機，隨即提出「先進技術攻擊直升機」(AAH) 計畫，要求研製一種能在惡劣氣象條件下，可晝夜作戰，具有很強的戰鬥、救生和生存能力的先進技術直升機。截至 1976 年底，經過試飛對比，美陸軍正式宣佈休斯公司設計的 YAH-64 方案獲勝，並於 1984 年 1 月交付了第一架生產型 AH-64A 直升機，正式命名為「阿帕契」。

AH-64A「阿帕契」在研製出來後具有許多獨特的優勢：採用四片槳葉全鉸接式旋翼系統，先進的槳尖後掠式結構大大改善了旋翼的高速性能；採用玻璃鋼增強的多梁式不銹鋼前段和敷以玻璃鋼蒙皮的蜂窩夾芯後段設計，提高了其生存力；先進的目標截獲 / 標識系統 (TADS) 和夜視系統 (PNVS) 使飛行員在各種速度和高度條件下都具有夜視能力，並能實現貼地飛行。

「阿帕契」一研製出來，美國人就急於顯示它的作戰能力。在 1989 年美國入侵巴拿馬的戰爭中，美軍從 82 空降師下屬第 1 攻擊直升機大隊中抽調了 11 架該型直升機，用 C-5A 運輸機部署到了巴拿馬阿瑪爾基地，準備讓其參加「正義之師」行動 (美國軍隊發起的，旨在推翻巴拿馬總統曼努艾爾·諾列加的軍事行動)。而部署在巴拿馬的「阿帕契」武裝直升機，第一次聞到硝煙的味道，則是在一次代號「狼群行動」的小規模行動中，該行動由 AH-1E、OH-58C 直升機配合「阿帕契」進行，從 1989 年 12 月 20 日一直持續到第二年 1 月 9 日雙方停火。在針對巴拿馬的軍事行動中，美國陸軍航空兵部隊飛行員第一次在實戰中使用了夜視裝置，而「海爾法」導彈也在這次戰鬥中初試鋒芒。在攻打諾列加躲藏的巴拿馬國防軍司令部時，一架「阿帕契」直升機在 4 公里外發射的 2 枚「海爾法」導彈從窗戶中穿過，擊

中了巴拿馬國防軍司令部。在整個「正義之師」行動中，11 架「阿帕契」武裝直升機共執行了總計 247 小時的作戰任務，有幾架直升機在執行任務時被地面炮火擊中受傷，其中一架全身被擊傷 23 處，仍然成功返回基地，這也驗證了該機強大的戰場生存能力。在「狼群行動」任務中，「阿帕契」武裝直升機的出勤率超過了 81%。

　　如果說巴拿馬戰爭中「阿帕契」武裝直升機初試身手的話，那一年後的「沙漠風暴」行動中，「阿帕契」真正贏得了屬於自己的榮譽。在奔赴波斯灣戰場之前，美國陸軍的「阿帕契」武裝直升機才只有短短 39 天的實戰經驗，在後來的戰鬥中，該機憑藉自身出色的性能和成功的戰術，無可挑剔地完成了各種作戰任務。在「阿帕契」武裝直升機發起的第一波攻擊中，就成功摧毀了位於沙特邊境的 3 個伊拉克防空雷達陣地，為後來從伊拉克西部邊境發起的空中打擊掃除了威脅。

　　整個波斯灣戰爭中，「阿帕契」攻擊直升機共發射了 2876 枚「海爾法」導彈，總計摧毀了 800 輛伊拉克坦克、500 輛其他軍用車輛、60 座燃料庫和雷達站、14 架直升機、10 架戰鬥機以及數不清的火炮和小型防空系統。值得一提的是，取得如此巨大的戰果，只有一架「阿帕契」直升機在戰爭中被擊落。

　　「阿帕契」武裝直升機在波斯灣戰爭中的表現幾乎可以用完美來形容，但是，該機在使用過程中也暴露了一些非常嚴重的問題，其中一個就是發動機吸入沙粒的問題。發動機吸入太多沙粒會導致渦輪起動器以及燃油推進泵工作失敗，嚴重的可以導致發動機空中停車。而當起飛和降落時，由於離地面比較近，旋翼容易帶起大量的沙塵。另一個比較普遍的問題就是揚沙天氣會導致「海爾法」導彈的導引頭受到干擾，造成攻擊精度下降和發射失敗。對飛行員來說，最危險的就是由於旋翼轉動帶起的大量沙塵而導致同地面的聯繫失敗，所以在起飛時，飛行員必須努力控制機身保持垂直和水平方向上的平衡，直到離開地面鑽出旋翼帶起的「沙塵暴」。降落時飛行員同樣要盡力控制機身的平衡。另外，「阿帕契」直升機的旋翼帶起的塵霧也很容易暴露它自己的位置。根據美國國家戰術訓練中心提供的資料，敵人能夠在 10 公里之外發現旋翼帶起的大量塵霧，這對「阿帕契」直升機來說，可不是一

件好事情。

最有用的經驗教訓往往都是從最慘痛的經歷中獲得的，從「沙漠風暴」行動中，「阿帕契」直升機獲得的一個教訓就是它可以在超過識別目標的距離上獵殺目標。在沙漠地區執行夜間作戰任務時，機載前視紅外探測系統的作用可以忽略不計，該機要想確定目標的具體方位，必須運動到距離目標 2 公里之內，這也使自己完全暴露在對方的防空火力圈內。雙方一旦交火，極容易出現「誤中」地面部隊的情況，對本方地面聯合部隊也是一個巨大的威脅。1991 年 2 月 17 日，三架 AH-64A 直升機組成編隊配合地面部隊執行任務，由於當時雙方的地面部隊相距較近，長機在確定敵方目標時誤將本方的車輛當作敵方目標，美國陸軍的一輛「布雷德利」戰車、一輛 M113 戰車，以及 10 多名士兵成了該機導彈下的「屈死鬼」。「阿帕契」直升機的機組成員發現，在伊拉克戰場上他們無法在 3 公里距離之內確定地面目標的具體方位。

AH-64B 正是根據波斯灣戰爭的使用經驗提出的改型，與 AH-64A 相比，主要加大了左前方的電子設備艙，具有發射 AIM-92「毒刺」空對空導彈的能力，加裝了衛星全球定位系統和自動目標移交系統 (ATHS)，並改善了直升機的可靠性、適用性和維護性 (RAM)。AH-64C 型和 AH-64D 型基本相同，只是前者沒有裝「長弓」雷達。AH-64C 於 1994 年 1 月首飛，當時計畫改裝 540 架在陸軍中服役的 AH-64A 型，1995 年中期開始交付使用。AH-64D「長弓阿帕契」主要改進是旋翼最頂端裝有一部「長弓 (LONGBOW)」公釐波搜索雷達 (圓鼓狀)，可以控制與其匹配的公釐波制導「海爾法」導彈。

「阿帕契」武裝直升機經過一系列改造以後，作戰能力得到了全面提升，主要表現在：AH-64D 型的命中率比 AH-64A 型提高了 4 倍，生存率提高了 7.2 倍；在使用公釐波雷達以後，直升機可以在煙霧和夜暗條件下使用，而且雷達能同時搜索 128 個目標，並將最危險的 16 個目標按威脅程度排序，從資料鏈上傳送給其他飛機，能夠在少於 30 秒的時間內發起第一次精確攻擊；AH-64D 型每飛行 1 小時只需三四個維護人員進行維護，比 A 型減少了 1/3，由於簡化了座艙內的電子設備，大大減輕了飛行員的負擔。同時直升機在安裝改進型調製調解器以後，通信能力得到大大改善。新型的通信設備

能與美國陸軍的戰場資料系統相容，可以相互分享整個戰場的目標資料和即時圖像，直升機的資訊化能力得到大幅度提高。

在 AH-64A 改進到 AH-64D 以後，美國陸軍並沒有停止對其進一步改造。2002 年 8 月，美軍開始研究升級 AH-64D 的可行性。升級主要針對軟體系統、感測器系統和通信設施，同時還將更換火控雷達系統、發動機傳動系統。升級後的 AH-64D 能夠更好地與無人機協同作戰，具備更好的跟蹤移動目標的能力和更精准的打擊能力。

走過漫長而坎坷的成長之路，「阿帕契」武裝直升機開始用行動確立了自己世界第一武裝直升機的地位。但是，先進的武器裝備不等於就是戰爭的勝利，先進的武器還必須加上與之配套的高強度訓練。具體體現在「阿帕契」武裝直升機上：功能強大的機載系統和駭人的攻擊力，再加上美國陸軍完整的訓練系統和戰術演練體系，「阿帕契」武裝直升機才能夠爆發出最耀眼的光芒。

在美國陸軍的國家訓練中心，能夠類比世界許多地區的戰場地形，為作戰訓練提供了最好的基礎保障。另外，作戰部隊不但要在白天進行作戰演練，晚上也要進行作戰演練，主要演練內容是低空突襲，躍升和對目標的突然襲擊，訓練過程中，飛機要穿過近乎實戰的防空區域。「阿帕契」直升機能夠在「沙漠風暴」等一系列行動中聲名赫赫，除了飛機自身性能突出外，日常嚴格的高強度訓練也是必不可少的重要因素。

【案例評析】

在軍事訓練中，可以通過對作戰樣式方法的研究，比較準確地提出武器裝備發展需求，牽引新裝備的研發和有針對性的改進，提高裝備創新發展的實用性。「阿帕契」武裝直升機從 AH-64A，AH-64B，AH-64C 到 AH-64D 的型號演變，正是在實戰和訓練的砥礪中，不斷演化和改進的結果。在歐洲戰場上，一個「阿帕契」直升機團可以整體行動，發揮出最大的攻擊力，機載「海爾法」導彈可以輕鬆擊毀射程內的任何目標。先進的武器系統，再加上美國陸軍完整的訓練系統和戰術演練體系，「阿帕契」開始用行動確立自己世界第一武裝直升機的地位。

案例八　灘頭破障顯身手

　　南海某海域，一場登陸戰鬥即將打響。擔負掃殘破障的兩棲蛙人已經悄悄抵近岸邊海灘。平靜海面下，隱沒著大量的水雷、軌條砦、三角錐等水下障礙。擔任爆破任務的蛙人正在緊張作業，只見他們把一根根爆破索熟練地綁在軌條砦、三角錐上，隨後又迅速遊向遠海。

　　突然間，平靜的海面上，激起了數十公尺的衝天水柱，此時，遠處兩棲突擊車、兩棲步兵戰車、登陸快艇、氣墊船從泛水線發起衝擊，發動機的咆哮和火炮的轟擊聲交雜在一起，威震天地，裝甲突擊群沿著數條潛爆隊員開闢的通路，衝向「敵」方陣地。

　　這是某年春季中國海軍陸戰隊某旅搶灘登陸作戰中的一幕，正因為及時清掃了灘頭的水下障礙，各突擊群才在最短的時間內攻上灘頭。那麼是誰立下這汗馬功勞的呢？

　　它就是海軍陸戰隊某工兵防化營的潛爆分隊。該營先後參加了多次重大演習任務，在汶川抗震救災中完成了上級賦予的爆破排險、搶修道路、防疫洗消等各種急難險重任務，被中組部表彰為「全國抗震救災英雄集體」，被海軍授予「抗震救災尖兵營」榮譽稱號，營黨委被表彰為「全國抗震救災先進基層黨組織」。榮譽來之不易，這個工兵防化營的官兵正是在長期的艱苦訓練中鍛造成了一支決戰灘塗的水下破障尖兵。

　　諾曼地登陸戰役中，最慘烈的戰鬥發生在奧馬哈海灘，僅在正面 6.4 公里寬範圍的搶灘戰鬥中，美軍犧牲近 2500 人。灘頭障礙成為奪去盟軍生命的第一「殺手」。在搶灘登陸作戰中，為了阻滯登陸，防禦一方通常在便於登陸的地域設置大量水雷、軌條砦、三角錐等水下障礙，這些障礙就像猛獸嘴裡的一顆顆「尖牙」，隨時都會吞噬搶灘登陸的部隊。工兵防化營執行的潛水爆破任務就是負責在計畫的時間內，拔掉猛獸嘴裡的這些「尖牙」，為先頭部隊開闢前進的通路。

　　作為搶灘登陸戰場的「清道夫」，最讓工兵防化營營長李朝武頭疼的就是如何準確把握爆破時機。去年進行的一次實兵實裝搶灘登陸演習中，李朝武帶領 3 組潛水蛙人按時間節點準確到達預定位置。由於受颱風影響，近岸

的海水格外渾濁，渾黃的海水夾雜著大量漂浮物，潛爆蛙人只能憑感覺執行爆破索綁定任務。在佈滿軌條砦和三角錐的障礙區，洶湧海浪來回拖曳著爆破隊員，隊員們小心貼在海底，一邊探摸水下情況，一邊慢慢挪動。忽然，初次執行爆破任務的上等兵劉志強沒有控制住前進方向，身體被潮水打橫後直接被推到三角錐上，右臂被長滿貝殼的三角錐劃出一條長長的口子。據李營長講，潛水時受傷非常危險，由於皮膚經海水長時間浸泡後敏感度下降，有時劃破了也察覺不到，在海水壓力下很容易血流不止。回憶起那次任務，潛爆隊員劉志強至今心有餘悸。

後來。他們只能憑著對障礙分佈的記憶，身體緊緊貼在海底，慢慢挪到障礙附近固定爆破索。由於海況惡劣，還沒來得及佈置三號通道的爆破點，李營長就接到了撤退命令。突擊群不得不放棄從三條通路同時突擊的計畫，採用預備方案從一號、二號通路實施突擊。通路的擁堵嚴重阻礙了登陸進度，部分突擊車甚至漂浮在海面等待上陸時機，此時防守的「敵軍」用反坦克導彈、火炮、甚至重機槍等武器對等待上陸的突擊群發動反擊，突擊部隊錯失最佳進攻時機，這次演習以登陸失敗告終。

每當想起這個結局，李朝武總是遺憾地搖頭：「要是在戰場上，破障失敗失去的就不僅僅是一條通道，而是多少陸戰隊官兵的寶貴生命！」

為了能在最短的時間內精確地清除灘塗的水下障礙，協助登陸部隊順利開闢突擊通路，工兵防化營官兵做出了巨大努力。他們模擬低視度條件下的海水環境，用布條蒙住潛爆隊員的眼睛，將隊員推進激流湧浪中，嘗試在水底爬行與潛伏，這時最重要的就是要適應潮水的脾氣。潛爆骨幹陳浩說：「淺灘爆破作業時要順著潮水上漲方向前進，找到依託後迅速固定好自己，防止被後退的潮水再次拉回。」訓練時，陳班長結合實戰環境和突發情況有意增加訓練難度，有時他會突然扯掉潛爆隊員的供氧管，缺乏經驗的新手常常會驚慌失措地浮出海面，而訓練老道的隊員則會憋住氣，迅速告知隊友自己的處境，與隊友輪流吸氧，共同想辦法修復吸氧管。慢慢地，潛爆隊員們練就了一身「盲潛」的本領，閉著眼睛也能摸清水下障礙。

精確計算爆破量是潛爆蛙人必須掌握的一項技能。雖然潛爆蛙人可以使用水下運行器運送爆炸物，但是能運送到淺海的爆炸物畢竟有限。為了練就

精確爆破的本領，爆破骨幹常常手把手地教。南國 5 月的海灘驕陽似火，酷暑難耐，沙灘上，一排排三角錐和軌條砦交錯排列。班長曾生海正在為新兵們介紹爆破物件的性質和結構，指導他們自己動手製作爆破裝置。曾班長打了個形象的比方：「水下爆破劑量就好像炒菜放鹽，多了太鹹，少了太淡，只有精確掌握好爆破劑量，才能高效摧毀水下障礙。」這時，新兵王好自告奮勇執行首爆任務，一下子把攜帶的全部爆破索全都綁在第一個障礙物上。只聽「轟」的一聲巨響，沙石亂濺，第一個障礙物被瞬間清除，王好心頭一陣激動，可當他回過頭找爆破索清除下個障礙時，才發現自己的爆破索已經用完。潛爆連連長高偉談到：「由於潛爆蛙人能攜帶的爆破索劑量有限，精確計算藥量是項必備技能！」每次訓練前，他們都要認真分析各種障礙物的性質和結構，然後「對症下藥」。

　　自從上次「兵敗」演練場，工兵防化營的潛爆隊員再也沒有失手過，次次幫助突擊部隊順利地通過了「死亡地帶」。他們通過嚴格的訓練，成為名副其實的水下破障尖兵。

【案例評析】

　　海灘，渾濁的潮水，洶湧的海浪，大量的水雷、軌條砦、三角錐等水下障礙，每一樣都嚴峻考驗著工兵防化營的潛爆隊員們，要成為名副其實的水下破障尖兵，幫助突擊部隊順利地通過「死亡地帶」，贏得搶灘登陸作戰的勝利，靠的就是平時的嚴格訓練。模擬實戰環境，增加訓練難度，精確計算爆破量，「盲潛」摸清水下障礙……訓練出戰鬥力，訓練贏得戰場生存的更大機會。正如營長李朝武所說：「要是在戰場上，破障失敗失去的就不僅僅是一條通道，而是多少陸戰隊官兵的寶貴生命！」

案例九　千年飛天夢終圓

2003 年 10 月 15 日 9 時整，隨著 38 歲的中校太空人楊利偉乘坐中國自行設計製造的載人飛船飛向太空，中華民族幾千年的飛天夢終於成真，中國成為繼俄美之後第三個將太空人送上太空的航太大國。

全世界都記住了一個中國人的名字——楊利偉。榮譽和光環的背後，是超乎尋常的艱苦訓練。

1998 年 1 月，作為中國首批太空人中的一分子，楊利偉帶著他的夢想與追求，來到了北京太空人訓練中心。

隆冬時節，北京的氣候特別寒冷，而他心裡卻熱乎乎的。他和其他十幾位原太空人來到中國載人航太工程的火箭系統、飛行系統、測控系統實地參觀，聆聽專家的授課。他對太空人職業的理解，由最初的神秘感變得深刻起來。他瞭解到，在中華人民共和國成立後幾十年的攻關奮戰中，中國有了自己的導彈、原子彈、人造地球衛星，如今又開始了向載人航太的探索；在他和其他太空人的身後，有許許多多的無名英雄在默默地奉獻，千軍萬馬托舉著中國的「神舟」。

楊利偉要攀越的第一道檻是基礎理論訓練。當了 10 多年飛行員，現在重新坐進課堂裡，《載人航太工程基礎》《航太醫學基礎》《解剖生理學》《星空識別》……十幾門課程要從頭學起。離開空軍部隊時，為他送行的老師長曾對他說：「你的身體和訓練，我沒什麼可擔心的，但你可能要面臨學習許多新東西的挑戰。」當時，楊利偉對這話並沒太在意。這會兒有了深刻的感受。他給老師長打電話：「讓您說中了呀！現在我就像準備高考的學生一樣天天在背功課。」

楊利偉天生就是個不甘落後的人，想起肩負的神聖使命，他更是廢寢忘食。他回憶說：「初來時的兩年，晚上 12 點前沒睡過覺。」

他過去的英語基礎比較薄弱，為記住單詞和語句，就每晚從航天員公寓往家裡打電話，讓妻子張玉梅在電話裡提問，一遍一遍，反反復複。後來考試時，他居然考了 100 分。

　　第二道檻是航太環境適應性訓練。這是一項非常艱苦的訓練，以其中的「超重耐力」訓練為例，在飛船處於彈道式軌道返回地球時，超重值將達到十幾個「G」，即人要承受相當於自身重量十幾倍的壓力。通常情況下，這很容易造成人呼吸極度困難或停止，意志喪失、黑視等，甚至直接影響生命安全。楊利偉必須通過訓練來增強自己的超重耐力。

　　「離心機」訓練是太空人提高超重耐力最有效的形式。在圓圓的大廳裡，楊利偉坐進一隻 8 公尺多長鐵臂夾著的圓筒裡。在時速 100 公里高速旋轉中，他不僅要練習緊張腹肌和鼓腹呼吸等抗負荷動作，而且還要隨時回答提問，判讀信號，保持敏捷的判斷反應能力。

　　離心機在旋轉，負荷從 1 個 G 逐漸加大到 8 個 G。楊利偉的面部肌肉開始變形下垂、肌肉下拉，前額高高突起。做頭盆方向超重時，他的血液被壓向下肢，頭腦缺血眩暈；做胸背方向超重時，他的前胸後背像壓了塊幾百斤重的巨石，造成心跳加快，呼吸困難。每做一次訓練，他都要消耗巨大的體力。

　　楊利偉是個愛動腦筋的人，他懂得，教員所講授的抗負荷方法要靠個人在實踐中體驗和摸索。所以，每次訓練他都有意識地按照個人體驗的方法去練習，及時與教員溝通，總結經驗，掌握好抗負荷用力和頻率的度，慢慢地琢磨出規律和方法，使這項極具挑戰、嚴酷苛刻的訓練逐漸變得輕鬆起來。

　　「轉椅」和「頭低位」訓練，也是常人難以承受的，可楊利偉同樣做得十分出色。

　　一個休息日，妻子回家時發現他一個人在客廳裡不停地轉圓圈，非常驚訝地問：「你這是在幹什麼？」他說：「過兩天我們就要做轉椅訓練考核了，我先刺激刺激自己。」

　　一位對太空人訓練要求非常苛刻的老專家十分自豪地說：「楊利偉在轉椅訓練上成績是最出色的，他是我最得意的學生。」

　　同樣，做「頭低位」訓練前好幾天，楊利偉晚上睡覺就不枕枕頭了，據他說也是為了「先刺激刺激自己」。

　　其他的「檻」還有體質訓練、心理訓練、專業技術訓練、飛行程式與任

務模擬訓練、救生與生存訓練等等。楊利偉以他對航太事業的無比熱愛和執著追求，嚴格要求自己，把一切做得精益求精，因此各項訓練成績都成為同伴中的佼佼者。

優中選優，強中挑強。「神舟」五號載人飛船發射準備階段，經專家組無記名投票，楊利偉以優秀的訓練成績和綜合素質，被選入「3 人首飛梯隊」，並被確定為首席人選。

大部分的時間，他都待在「飛船模擬器」中。飛船模擬器是在地面等比例真實模擬飛船內環境、對太空人進行航太飛行程式及操作訓練的專業技術訓練場所。飛船從發射升空進入軌道，再調姿返回地球，持續時間幾十個小時甚至上百個小時，飛行程式指令上千條操作動作有一百多次。艙內的儀錶盤紅藍指示燈密密麻麻，各種線路縱橫交錯，各種設施產品星羅棋佈。宇航員要熟悉和掌握它們，並能進行各種操作和故障排除，只有靠反復演練。

楊利偉把能找到的艙內設備圖和電門圖都找來，貼在宿舍牆上，隨時默記。他還用小攝像機把座艙內部設備和結構拍錄下來，輸入電腦，自己刻製了一個光碟，業餘時間有空就看。每次訓練，楊利偉的眼睛總是那麼亮，各項檢查總是那麼細，每個動作總是那麼到位。他以嚴謹認真的態度和熟練的技術贏得了教員的稱讚。在最後階段的專業技術考核中，教員為他設置了許許多多的故障陷阱，他都能很快地發現，迅速排除。每次考核結束後，教員都要問他：「操作有沒有失誤？」他都自信地回答：「沒有失誤！」在 5 次正常飛行程式考試中，他獲得了 2 個 99 分、3 個 100 分的好成績，專業技術綜合考評排名第一。

發射前夕，楊利偉來到酒泉衛星發射中心，參加「人、船、箭、地」聯合測試演練。

此刻，身經百煉的楊利偉對飛船飛行程式和操作程式已是滾瓜爛熟，倒背如流。他自信地告訴記者：「現在我一閉上眼睛，座艙裡所有儀錶、電門的位置都能想得清清楚楚；隨便說出艙裡的一個設備名稱，我馬上可以想到它的顏色、位置、作用；操作時要求看的操作手冊，我都能背誦下來，如果遇到特殊情況，我不看手冊，也完全能處理好。」

飛船在實際發射時，起飛後 3 分 20 秒左右，罩在座艙外的「整流罩」將按程式被拋除，太空人在此時可以見到舷窗外的天空。然而在演練時，這只能是一種想像中的景況，不會實際發生。因此，指揮大廳裡的老總們誰也沒料到太空人在此時會有什麼反應。演練在進行，飛船座艙內的楊利偉在一絲不苟、忙而不亂地做著各種規定動作。程式剛剛走到 3 分 20 秒，指揮中心大廳裡傳來楊利偉響亮的報告聲：「整流罩拋除，我看到窗外的天空了！」一位元老總驚訝地問航太醫學工程研究所所長宿雙甯：「你們的太空人訓練得這麼好，連這都知道？」

身為中國載人航太工程太空人系統總指揮兼總設計師的宿雙寧，自豪之情油然而生：「開玩笑，你都知道的事，他還能不知道！」太空一往返，中華五千年。人類自加加林以來，世界上已有數百名太空人，乘各種航太飛行器遨遊過太空。今天，中國人憑著自己的智慧和勇氣，輕盈一躍，大步跨入世界先進行列。

首飛之前，楊利偉的心理教員曾問過他：「你想沒想過真正坐上飛船去飛行，會是什麼心情？」

他面帶微笑回答：「我想，我會比平時訓練更放鬆。就讓我平靜地去飛吧！」

【案例評析】

一飛衝天，千年夢圓。2003 年 10 月 15 日，中國自行研製的「神舟」五號載人飛船成功發射，楊利偉成為第一位進入太空的中國航天員，讓國人為之歡呼，也讓全世界為之矚目。在榮譽和光環的背後，是超乎尋常的艱苦訓練：基礎理論訓練、航太環境適應性訓練、體質訓練、心理訓練、專業技術訓練、飛行程式與任務類比訓練、救生與生存訓練……用訓練中的堅韌執著、一絲不苟，換得飛天時的從容鎮定、圓滿返航，楊利偉用行動詮釋著「航太英雄」的卓越內涵。

案例十　馴伏新「戰神」

大漠深處，中國南京軍區某炮兵團新型火箭炮武器系統實彈射擊現場。

三聲炮響，呼嘯而出的前 3 發炮彈都覆蓋在目的地區域內。然而團指揮員並不滿足，認定還有潛力可挖，大膽修正。一聲令下，接下來的 5 發炮彈像長了眼睛一樣直搗目標正中央。現場觀摩的新裝備設計專家說：「對該類裝備進行射擊修正，在全軍是頭一遭。」

這是一支戰功卓著的部隊——自 1940 年組建以來，先後參加抗日戰爭、解放戰爭等大小戰役戰鬥 1000 多次。抗美援朝戰場上，他們「奇襲白虎團」的戰鬥傳奇被搬上電影銀幕，至今令人津津樂道。

這是一支有著深厚文化底蘊的部隊——建團之初就有 79 名北京各大學的學生骨幹，被譽為「知識份子團」。

而今，這支部伍列裝了某新型火箭炮武器系統和某新型反坦克導彈兩種共軍陸軍最先進的主戰裝備，並創造了同類裝備實彈射擊的最好成績，鍛造成為一支共軍資訊化條件下作戰的「利箭」。

火炮，因其威力巨大，被戰士們親切地稱為「戰神」，意思是戰場上生命的保護神。資訊化浪潮使這個團搖身一變，由傳統炮兵團隊成為擁有高新武器裝備的部隊。官兵在一夜之間領到了「建設資訊化部隊，打贏資訊化戰爭」的「頭等車票」。

性能先進、價值不菲的裝備落戶該團，全團上下一片歡騰。

然而，團領導第一次帶領官兵走上訓練場，便感受到了「一窮二白」帶來的尷尬和壓力：作為新裝備的「第一代人」，全團官兵手上一沒大綱教材，二沒人才和經驗。新裝備快速形成作戰能力的要求與缺大綱、缺教材、缺人才的矛盾，歷史性地橫亙在全團官兵面前。

「探索，要有敢為人先的氣魄，做好『無中生有』這篇文章！」團黨委「一班人」當即決定，緊貼戰鬥力生成的需求，帶領官兵勇當第一個「吃螃蟹」的人。

新裝備是火炮家族的精尖寵兒，整個系統涉及 20 多個專業 100 多個戰

鬥崗位，不把原理搞透就不可能駕馭好！

　　為此，團長丁仕夫、政委潘學軍分別打起背包住進班排，帶領官兵天天泡在訓練場，用3個月時間繪製出新裝備原理圖，化繁為簡，解決了新裝備原理難學、沒有資料的問題。

　　新裝備訓練缺教材、缺大綱，為瞭解決「燃眉之急」，丁團長、汪參謀長帶領各專業骨幹，白天同戰士一起訓練，晚上啃原理、編課目、分步驟、定標準。兩個多月後，他們編寫的首套某新型裝備操作訓練教材新鮮出爐，成為全軍新一代訓練大綱中此類裝備訓練的「藍本」。

　　資料有了、教材有了，然而新裝備訓練的探索之旅才剛剛起步。

　　「少部分人在訓、大部分人在看」，這是某新型火箭炮武器系統列裝初期部隊訓練面臨的尷尬局面，嚴重影響了訓練進度和效益。

　　「一個營裝備訓練模擬器較少，一次只能訓少部分人，那麼我們能不能抓緊設計一套模擬類比訓練軟體，讓官兵借助網路平臺人人都能訓起來呢？」潘學軍政委的這個想法得到了大家的一致認同，開發網上模擬訓練平臺也成了官兵們最迫切的需求。

　　隨即，一個擔負設計開發類比訓練軟體任務的精幹課題組成立。團黨委常委分工負責，親自掛帥。課題組埋頭鑽研4個多月，開發出某新型火箭炮武器系統指揮訓練類比系統，並將系統軟體嵌入團綜合資訊網，官兵在營連網路室、班排終端都可以訓練，一舉解決了訓練資源不足的難題。

　　解決了「有」的問題，就需要邁開大步在突破中自我超越。

　　某新型火箭炮武器系統列裝不到半年時間，團隊便開赴大漠戈壁組織實彈射擊，成功打響新裝備全軍「第一炮」。鮮花、掌聲迎面而來。

　　返回營區後，作訓股起草了一份部隊實彈射擊情況報告，把成績寫得很滿，其中還有「新裝備當年列裝，當年形成戰鬥力」之類的話。

　　團長丁仕夫和政委潘學軍審閱後，找來參謀長和作訓股長，嚴肅地說：「報告不能這麼寫，有沒有完全形成戰鬥力你們真的不清楚嗎？」責成他們重新起草，於是這份情況報告被當場扔進碎紙機……

這是一種突破固有訓練理念的追求！

丁團長和潘政委在機關幹部大會上作了剖析：為片面追求命中率、優秀率、扛紅旗，這實際上是在人為降低訓練標準，這樣下去，即使次次都打「滿堂紅」，次次都戴大紅花，戰鬥力也沒有實質性提高。

原本召開的慶功會改成了反思會，令機關幹部額角直冒汗。

全團上下梳理剖析問題。很快，指揮員技能不過硬、技術骨幹能力水平參差不齊、後裝保障不配套等數十個問題被「拎」了出來。

面對一個個問題，大家感慨萬千：丁團長和潘政委「碎掉」的不僅僅是那份不切實際的情況報告，更重要的是「碎掉」了許多人頭腦裡對戰鬥力建設存在的片面認識和模糊觀念。

正是憑著這種對戰鬥力建設高度負責的精神，這個團在資訊化建設的大道上越走越寬廣。

理念的突破開啟了一扇不斷超越自我的門，同時也聯通了一條不斷挑戰極限的路。

近年來，這個團堅持把新裝備的訓練發揮到極致，放在最大射程、最大和最小開倉高度、最複雜的電磁環境和最惡劣的天候下檢驗，最大限度地挖掘作戰潛能，在不斷地突破中，一條發揮新裝備最大作戰效能的新路已經踩在腳下。

創新是發展的源泉，只有創新才能推動部隊戰鬥力不斷上升！

二營五連指揮班班長安波，是全團小有名氣的「軟體專家」，某新型火箭炮武器系統在訓練時，電腦作業系統時常出現死機，他敏銳地發現，指揮軟體程式有兩處漏洞。為解決這一難題，他鼓足勇氣闖進團長丁仕夫辦公室，陳述自己的想法。

團長當即表態：「你大膽幹，有困難找我。」有了團領導支持，安波信心十足，自編程式給系統漏洞打上「補丁」，大大提高了系統穩定性、縮短了反應時間，廠方專家讚歎「小兵解決了大問題」。

「先進武器既然交到我們手上，我們就要通過不斷創新，使系統不斷完

善，性能更加穩定，使其真正成為揚威未來戰場的『殺手鐧』。」團黨委的共識引起了官兵們的共鳴。

近年來，團隊官兵自主創新解決了新裝備設計、用材、性能等方面的「瓶頸」32 個，提出合理化建議 80 多條，促進了新裝備戰鬥力的不斷躍升。

創新讓官兵們嘗到了甜頭，也更加堅定了團黨委用創新推動部隊戰鬥力建設的決心。

為快速提升作戰能力，團領導通過召開「諸葛亮會」，問計於官兵，創新出「三個打破」的訓練模式。

新裝備主要操作手打破建制，專業訓練中把所有分隊按專業編為 4 個專業模組，分專業集中分訓；協同訓練打破程式，戰炮協同訓練中採取先系統、後分訓、再合練的方法，減少協同環節，提高訓練品質；實彈射擊打破序列，對所有列裝的火炮和指揮員、主要操作手實行「輪換制」，確保每人每炮都有實彈射擊經歷。

當年深秋，這個團將所有沒有打過實彈的戰炮和人員全部拉到數千里外的大漠深處，進行實彈射擊，在所有參加實彈射擊的同類部隊中打出了最好成績。

【案例評析】

訓練出戰鬥力，但是，在高科技條件下，在新軍事變革的今天，如何進行軍事訓練，適應新裝備、新技術的迅猛發展要求，則是我們需要思考的問題。南京軍區某炮兵團，不等不靠，勇當第一個「吃螃蟹」的人，突破固有訓練理念，提出「三個打破」的訓練模式，把慶功會開成了反思會，用創新推動部隊戰鬥力建設，靠嚴格管理、大膽實踐，適應資訊化、立體化、綜合化的戰爭新樣式。正是這種對戰鬥力建設高度負責的精神，開啟了一扇不斷超越自我的門，同時也聯通了一條不斷挑戰極限、最終攀越勝利頂點的路。

【本章小結】

在跨越 21 世紀的風雲變幻中，威力強大的新式武器層出不窮，新的作戰樣式不斷湧現。現代武器的超遠程打擊、高機動性能、全方位偵查，以及

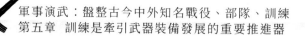

高資訊處理技術，對士兵的訓練提出了新的要求，擴充了軍事訓練的內容和方式。同時，軍事訓練也利用其近似實戰的特點，通過對作戰樣式方法的研究，比較準確地提出了武器裝備發展需求，牽引新裝備的研發和有針對性的改進，提高了裝備創新發展的實用性，承擔起新裝備綜合實驗任務，從而推動了共軍武器裝備的飛速發展，提升了軍隊的戰鬥力。例如，隨著導彈武器和電子、核動力技術大量裝備艦艇，艦艇部隊的機動性和快速反應能力大大提高，綜合訓練提到更加重要的位置。在南海，新型艦艇出廠後，都要經過艦艇訓練中心全訓，再編入部隊戰鬥序列，正是通過訓練發現問題、解決問題，提出新的研製要求和有針對性的改進意見，才進一步推進了共軍新型艦艇的生產和發展。這是「訓練是牽引武器裝備發展的重要推進器」的典型體現，也是「訓練出戰鬥力」的有力證明。

第六章　訓練是鍛造戰鬥精神的重要課堂

【導讀】

「天下雖安，忘戰必危。」軍人時刻準備戰鬥，勤學苦練是鑄煉精兵的根本途徑。從實戰需要出發，從難從嚴訓練，反映了軍事訓練的基本規律，體現了軍事訓練最本質的要求，是中外歷史上各國軍隊所遵守的一項基本原則，也是共軍寶貴的傳統。

歷代治軍名將都把嚴格訓練放在治軍的重要位置，作為培養官兵戰鬥精神的主要管道。吳起曾經說過：「用兵之法，教戒為先。」他認為，戰場上的生死存亡，往往取決於將士的軍事技術和戰法。諸葛亮非常重視訓練，指出「不教而戰則謂棄之」。無產階級革命導師十分強調通過嚴格的教育訓練提高軍隊的戰鬥力，恩格斯曾經指出：「雖然民族熱忱對戰鬥有巨大的意義，但是如果缺乏訓練和組織而僅憑熱忱，任何人都不能打勝仗。」列寧說過：「要使紅軍不至於成為德軍炮火下的炮灰，就必須對它進行訓練，使它紀律嚴明。」毛澤東明確指出：「軍隊要嚴格訓練，嚴格要求，才能打仗。」

軍事訓練不僅僅是提高身體素質和作戰技能，更是鍛造戰鬥精神的重要途徑，戰鬥精神作為軍人的職業精神，是軍人素質和覺悟的全面體現。現代高技術戰爭，較之以往的戰爭更加複雜、更加突然、更加殘酷，對參戰人員的軍事素質和戰鬥精神提出了更高的要求。因此，要想在未來戰爭中掌握主動，取得勝利，更要強調並堅持從實戰需求出發，堅持從難從嚴訓練的方針。只有經歷「曉戰隨金鼓，宵眠抱玉鞍」的刻苦訓練，才能培育出英勇頑強、敢打敢拼的戰鬥精神，才能形成「總戎掃大漠，一戰擒單于」的過硬戰鬥力。

案例一　置之死地而後生，投之亡地而後存

　　井陘口，太行山有名的八大關隘之一，就是現在河北獲鹿西 5 公里的土門關，在它以西，有一條長約幾十公里的狹窄驛道，易守難攻，不利於大部隊行動。西元前 204 年，漢將韓信在此指揮軍隊與趙軍背水一戰，韓信以不到 3 萬的劣勢兵力，背水列陣，奇襲趙營，一舉殲滅號稱 20 萬（實則 10 餘萬）的趙軍，斬趙軍主將陳餘，活捉趙王歇，滅亡了項羽分封的趙國，為劉邦最終戰勝項羽、爭取霸業創造出有利的戰略態勢。

　　西元前 205 年，韓信率軍平定代地。當韓信打敗代軍，斬其相國夏說時，趙王歇與主帥趙成安君陳餘、謀士廣武君李左車率兵約 10 萬從趙國國都襄國（今河北邢臺西南）集結於井陘口，構築營壘據守於此。韓信在剛剛取得滅代戰爭的勝利，大部分精兵被劉邦調往滎陽一帶抗擊項羽的進攻的不利條件下，僅僅統率 3 萬新近招募的部隊，從太原東進意欲對趙國發起攻擊。西元前 204 年 10 月，井陘之戰爆發。

　　當時，趙軍先期扼守住井陘口，居高臨下，以逸待勞，且兵力雄厚，處於優勢和主動地位；反觀韓信麾下只有數萬之眾，且系新募之卒，千里行軍，士氣雖高漲，但身體卻疲乏，處於劣勢和被動地位。謀士李左車就向主帥陳餘建議：「今井陘之道，車不得方軌，騎不得成列，行數百里，其勢糧食必在其後。願足下假臣奇兵 3 萬人，從間道絕其輜重，足下深溝高壘勿與戰」，這樣，韓信將進退不得，漢將之頭「可致麾下」。然而剛愎自用且迂腐疏闊的陳餘卻拘泥於「義兵不用詐謀奇計」的教條，且認為韓信兵少且疲，不應避而不擊，斷然拒絕採納李左車的計謀。

　　當韓信探知陳餘不用李左車之計時，料想他有輕敵情緒，當即制定了出奇制勝、一舉破趙的良策。他率兵下井陘道，在距井陘口 15 公里的地方宿營，並連夜實施作戰部署：一面挑選兩千名輕騎，讓他們每人手持一面漢軍的紅色戰旗，由偏僻小路迂回到趙軍大營側翼的抱犢寨山（今河北井陘縣北）潛伏下來，準備乘隙襲佔趙軍大營，樹起漢軍旗幟，斷敵歸路；一面又派出一萬人為前鋒，乘著夜深人靜、趙軍未察之際，越過井陘口，到綿蔓水（今河北井陘縣境內）東岸背靠河水布列陣勢，以迷惑調動趙軍。部署完畢，東

方天際晨曦微露，決戰的一天悄然來臨。

拂曉時分，韓信親自率領漢軍，打著大將的旗幟，攜帶大將的儀仗鼓號，向井陘口東邊的趙軍進逼過去。此時，趙軍對潛伏的漢軍毫無覺察，望見漢軍背水列陣，無路可以退兵，都禁不住一陣竊笑，認為韓信置兵於「死地」，根本不懂得用兵的常識，因而更加輕視漢軍。見漢軍前來挑戰，趙軍躊躇滿志，離營迎戰。兩軍相殺，大戰良久，韓信佯裝戰敗，讓部下胡亂扔掉旗鼓儀仗，向綿蔓水方向後撤，與事先在那裡背水列陣的部隊迅速會合。趙王歇和陳餘誤以為漢軍真的打了敗仗，豈肯輕易放過機會，於是就揮軍追擊，傾全力猛攻背水陣，企圖一舉全殲漢軍。

漢軍士兵看到前有強敵，後有水阻，無路可退，所以人人死戰，個個拼命，趙軍的兇猛攻勢就這樣被抑制住了。這時，埋伏在趙軍營壘翼側的漢軍兩千輕騎則乘著趙軍大營空虛無備，突然出擊，襲佔趙營。他們迅速拔下趙軍旗幟，插上漢軍戰旗，一時間漢旗林立，迎風招展，好不威風。

趙軍久攻背水陣不下，陳餘不得已只好下令收兵，猛然間卻發現自己大營上插滿了漢軍紅色戰旗，老巢已經易手。這樣一來，趙軍上下頓時驚恐大亂，紛紛逃散。佔據趙軍大營的漢軍輕騎見趙軍潰亂，當即乘機出擊，從側後切斷了趙軍的歸路；而韓信則指揮漢軍主力全線發起反擊。趙軍倉皇敗退，漢軍乘勝追擊，主帥陳餘在今高邑縣境內被殺，趙王歇在逃抵都城襄國時被韓信追殺。至此，井陘之戰以韓信大獲全勝、一舉滅趙而降下帷幕。

井陘之戰中，為什麼 3 萬新兵能夠戰勝號稱 20 萬的大軍？對於其中的巧妙用兵在這裡撇開不說，一個重要的原因就是韓信能針對新兵怯戰的心理弱點而「背水列陣」，使其處於面臨強敵卻毫無退路可言的特定的戰場境地，從而強制性地要求士兵消除怯戰心理，進而激發出奮死爭先的戰鬥勇氣，最終取得了井陘之戰的勝利。

「兵士甚陷則不懼，無所往則固，深入則拘，不得已則鬥」，就是將士兵置於沒有退路的絕地之中，迫使他們在險惡的環境之中迸發出來以一當十、以十當百的潛能。在這方面，韓信堪稱表率，但他不是唯一一個也不是最早一個。在古今中外的戰爭史中，充分運用這一方法的不乏其人。西元

前 208 年至西元前 207 年的巨鹿之戰中，項羽面對強敵就曾在帶兵渡過漳水時，破釜沉舟，持三日糧，以示士卒必死無生還的義無反顧的決心，從而激發出將士的最強的戰鬥精神。當年凱薩大帝率領他的軍團由高盧通過海峽登陸現今的英格蘭時，為確保自己軍隊的成功，也把軍隊置於多佛海峽的懸崖之上，下望兩百英尺下的海浪，士兵們見到的是赤紅的火舌正吞食運載他們渡過海峽的每艘船隻。置身敵國，與大陸的最後聯繫已失去，最後的撤退工具也被毀滅，留下來唯一可做的事情只有前進、征服。

解放戰爭中，根據毛澤東同志和軍委的指示，劉鄧大軍離開根據地，甩掉一切包袱，輕裝上陣，突破敵人的圍追堵截，千里挺進大別山，將部隊置於無後方支援、無戰略依託的敵佔區開闢戰場，克服了數不盡的困難，最終站穩腳跟、逐鹿中原，為解放戰爭的勝利開創了新局面。這些都印證了「置之死地而後生，投之亡地而後存」的道理。

「置之死地而後生，投之亡地而後存」的道理就是依據人的求生心理，激發人們的戰鬥精神。這些戰鬥精神雖然表現在戰時，但是培育它卻在平時。

現如今，世界各國的軍隊都深刻認識到這一道理並能很好地運用它來培養軍人的戰鬥精神和意志品質。例如把部隊拉到沙漠、叢林、沼澤等惡劣的環境中進行生存訓練就是一種。軍隊的特殊性，要求從事這種特殊職業的軍人必須具有與一般人不同的意志品質。

在和平時期，物質條件豐富，生活安逸，往往滋生嬌氣，喪失鬥志，一旦戰爭來臨，將無法面對。所以在平時就要使部隊常常處於艱苦的環境之中，用艱苦卓絕的訓練，使官兵始終保持旺盛的鬥志和永不言敗的戰鬥精神。未來可能發生的高技術戰爭，同以往的戰爭相比，作戰強度更高，戰鬥節奏更快，戰場環境更加殘酷。我們一定要著眼於未來戰爭的這種特點，堅持從難從嚴，從實戰需求出發全面建設部隊，努力培養官兵艱苦奮鬥的精神和堅忍不拔的意志，鍛煉官兵承受艱難困苦和戰勝惡劣環境的體魄，才能使共軍在未來的戰爭中立於不敗之地。

【案例評析】

　　戰鬥精神是戰爭精神力量在軍人身上的集中體現，它是由軍人的信念、情感、意志和能力等濃縮昇華的一種戰爭力量。「置之死地而後生，投之亡地而後存」體現的正是生死關頭所迸發出的勢不可擋的戰鬥精神。未來高科技戰爭，不僅僅是武器的對抗、智慧的碰撞，更是精神和意志的抗爭。這種戰鬥精神不是與生俱來的，需要經過一個磨礪、強化的逐步積累過程。平時就要使部隊常常處於艱苦的環境之中，著眼實戰，用艱苦卓絕的訓練，鍛煉戰士的體魄和意志，使官兵始終保持旺盛的鬥志和永不言敗的精神。

案例二　綠色貝雷帽

　　1991 年初，以美國為首的多國部隊集結波斯灣，準備對伊拉克侵吞科威特的行為予以猛烈打擊。在這場被稱作是「第 2.5 次世界大戰」的高科技現代化戰爭中，美國不僅派出了強大的陸海空三軍精銳部隊，還派出了一隻特殊的突擊隊。這只突擊隊對多國部隊獲取情報，推動戰爭進程起到了至關重要的作用。

　　1991 年 1 月 10 日夜，滿載著突擊隊員的直升機乘著夜幕向伊拉克境內飛去，由於緊貼著地面飛行，不時掀起陣陣「沙浪」。直升機充分利用伊軍雷達的盲區，將隊員們分別準確地送達預定地點。突擊隊員到達各自指定地點後，便按照分組和任務劃分迅捷而秘密地開始了工作，分別對伊軍前沿陣地和後方的軍事設施進行了詳盡的偵察，對每一個目標他們都撒下了漁網，不肯放過每一條魚。有幾名隊員偽裝後潛入巴格達城內，用遠距離鐳射測距儀對薩達姆總統府、國防部大樓及地下掩蔽部進行了測量，在預期投擲炸彈的地點埋設了自動發射的飛機定向信標，並及時通過衛星數位傳輸系統報至美中央總部。戰鬥未打響前，這些重要的建築物和軍事目標就已經被 F-117A 隱形戰鬥轟炸機和「戰斧」式導彈控制器的資料庫牢牢地鎖住了。

　　「沙漠風暴」正式開始後，從天而降的導彈準確而猛烈地命中並摧毀了這些軍事目標，使伊拉克受到重創，一度指揮中斷。轟炸中極高的精確度令人稱奇。薩達姆總統府被炸彈擊中，周圍的民房無明顯損壞；位於巴格達市中心的伊國民議會大廈被徹底擊毀，而僅距其 200 公尺的拉希德飯店卻安然無恙；巴格達市穆薩世軍事基地與火車站一街之隔，前者一片廢墟，後者一切正常；底格里斯河上吊橋被炸成兩截，附近的民用建築卻高聳依舊，這極高的精確度不僅僅是先進的制導炸彈之功效，更主要的是這只特殊突擊隊的傑出貢獻。

　　那麼這只特殊突擊隊到底是誰呢？不錯，它就是「綠色貝雷帽」——美軍陸軍特種作戰部隊。從第二次世界大戰至今，每次美國直接參與的局部戰爭都留下了那刻有「箭與劍」交叉浮雕徽章的「綠色貝雷帽」的影子。

　　戴帽人作戰英勇、作風頑強、武器精良、技藝精湛，頗受世人所矚目。

但要真正能戴上一頂這樣的帽子，成為一名特種作戰部隊的士兵，卻要接受一番血與火的考驗。

首先，他們要在全軍範圍內經過嚴格的挑選：必須是高中以上畢業生，具有 3 年軍齡，身體、智力各方面都十分優秀，空降訓練合格，平均年齡在 20~23 歲之間，之後將他們送入甘迺迪軍事援助中心——美陸軍特種作戰部隊的特種作戰訓練中心。在這裡他們將接受 16 個星期艱苦而又嚴格的訓練。

第一階段是單兵訓練，時間為 31 天，在訓練中心的麥克爾營地實施。每週訓練 7 天，每天 7 小時，內容有各種基本的軍事技能，以增強士兵的耐力和掌握基本的作戰技巧。這個階段中，體能訓練是第一個科目，也是最苦的訓練科目。早操活動身體後進行數公里的長跑，下午 5 點左右進行 10 公里負重 20 公斤的負重跑，打牢執行特種作戰任務的基礎。而後便是巡邏、偽裝、陸上定向、地圖判讀、通信發報、白刃格鬥、敵佔區生存以及就地取食等科目的訓練。此外，還要掌握伏擊、誘拐、暗殺、爆破等技術。這些基本軍事技能掌握後，將組織他們進行夜間訓練和一些特技訓練，包括進行高空跳傘訓練，在直升機或懸崖峭壁上利用繩索攀登和下降等技術。經過一個月的嚴格訓練和淘汰，僅有 50% 的士兵達到合格標準，進入第二階段。

第二階段是專業訓練。共分為四段：步兵專業訓練，工兵專業訓練，通信兵專業訓練和衛生兵專業訓練，使士兵們成為「全能」型士兵和「萬能博士」。另外，專業訓練還特設了兩項專門科目：一是為軍士開設的情報科目，內容有非常規作戰、審俘、照相和指紋鑑定，還要學兩到三門外語。二是為軍官開設的為期兩個月的高級科目，內容包括特種作戰技術、遊擊戰和敵後戰術、心理戰、反恐怖和危機處理等。

第三階段訓練是綜合訓練和實戰演習。在這一階段裡，士兵按 12 人編組，空投到深山密林或沼澤地帶，與一支兇悍的「跟蹤追擊」而來的「敵人」進行激烈的非常規特種作戰，進行綜合訓練的場地是美國華盛頓州卡尼克勞國家森林。該森林佔地近千平方公里，屬國家級保護區，參天大樹林立、藤蔓交錯、枝葉蔽日，地上積滿了厚達 0.67 公尺多的腐爛枯草，樹叢中到處都是毒螞蟻、蠍子、蜈蚣以及北美劇毒的眼鏡蛇，還有狼、豹、老虎、野豬、獅子等猛獸，被人稱之為「綠色的地獄」。在這裡，特種作戰部隊的士兵們

要經受最嚴峻的考驗。

　　他們要過著非人的生活，學會在沒有後勤補給的情況下如何獨立生活，怎樣運用所學的知識和技能戰勝大自然。在一個多月的訓練結束後，他們才能走出密林，接受檢查、考核、評比，合格者發給「S證章」，然後被送到一個「模擬集中營」待上5天，經受「囚徒」的「鍛煉」，只有全部通過所有科目的士兵才有幸戴上一頂令人羨慕的「綠色貝雷帽」，成為特種作戰部隊的一員。之後再從特種部隊老兵那裡學習應用技術，進一步提高已掌握的技術和最大限度地進行應用。

　　只有經過這一系列訓練後才能真正成為特種作戰部隊的一名突擊隊員，才能在世界的任何一個角落從事山地戰、叢林戰、沙漠戰、雪地戰和遊擊戰等特種作戰。

【案例評析】

　　「綠色貝雷帽」是美國陸軍特種部隊的稱號，該部隊具有很強的獨立作戰能力，不論在世界上任何一個地方，任何環境下，都能夠進行空降、潛水，從事山地戰、叢林戰、沙漠戰、滑雪戰和遊擊戰等特種作戰。但是這些特種隊員們絕對不是超人，也不是電影中無所不能的孤膽英雄，他們之所以能成為遊擊戰大師，是因為經歷了常人難以想像的艱苦而嚴格的訓練，如單兵訓練、專業訓練、綜合訓練和實戰演習等。只有擁有鋼鐵般的意志、高水平的專業技能和作戰方法，在逆境中，才能夠憑藉過人膽識和堅強的意志，完成任務，獲得生存。

案例三　衝出「埃伊爾迪爾」

一提起特種部隊，人們自然會想到英國的「哥德曼」、美國的「綠色貝雷帽」、以色列的「野小子」……中國的特種兵呢？

2002 年底，南京軍區某特種大隊正連職上尉顏啟昌和北京軍區某特種大隊副營職上尉姜世祿被選派到土耳其「埃伊爾迪爾」山地特種兵軍校受訓。在這被譽為培育世界級山地作戰特種兵的「搖籃」裡，兩位軍人演繹出一段與電影《衝出亞馬遜》中的兩位主人公相似的經歷。

土耳其「埃伊爾迪爾」山地特種兵軍校有 80 多年的建校歷史，擅長培養可在各種條件下獨立作戰、具有高度的體能和耐受力的精兵勇士。其營地位於海拔 1700 多公尺高的高山上，山道險峻，夜寒雨多。學校環境艱苦，讓人生畏，設計這樣的「環境」就是要讓人吃不飽睡不好，長期處於饑餓狀態中，同時還得接受高強度的體能訓練。

這個軍校的訓練教官全部由參加過實戰的軍人擔任，能進入這個學校受訓的學員都必須是軍隊中出類拔萃的軍人。

到「埃伊爾迪爾」受訓之前，來自福建的顏啟昌和來自河北的姜世祿均於 1990 年步入軍營，並分別考入南昌陸軍學院和石家莊陸軍學院；2002 年，他們兩人又同時被選派到土耳其的「埃伊爾迪爾」山地特種兵軍校受訓。

在為期 75 天的山地作戰訓練學習中，他們兩人先後參加了 13 個內容 28 個科目的實戰演練。開始時他們非常不適應，感冒發燒上吐下瀉屬常事。但為了不影響學習，他們不敢吃藥，硬挺過來。基礎體能測試每兩個星期考一次，外國軍人對基礎體能測試都很懼怕，每次考試他們關心的是多少分能及格，而顏啟昌和姜世祿詢問的是什麼標準算滿分，對他們來說 80 分都不行，一定要拿到 100 分，每次都要有新的收穫和提高。而對他們訓練挑戰最大的還是要過語言關，因為不懂土耳其軍事術語，聽不懂教官的講話，訓練時就易出危險。為了提高聽說能力，他們夜間打著手電筒自學，隨身帶本筆記本，走到哪兒學到哪兒。最讓他們難忘的是一次參加「滲透匍匐」的演練考核，這種演練接近實戰，演習之前考核人員都要簽訂生死協議書，死傷自負，同來受訓的外國軍人有 25% 的人放棄了這項考核。而他們憑著中國軍

人堅韌不拔的毅力和高超的軍事技能，取得了各科考核滿分的優異成績。

訓練結束後，參加培訓的 450 名學員最後只有 63 人站在了畢業領獎臺上。當「埃伊爾迪爾」特種兵軍校校長阿提拉上校為顏啟昌和薑世祿頒發學業成績第一名和第五名證書時，他握著他們的手說：「中國軍人的素質令人驚歎，且技術全面。」

他們之所以能順利衝出「埃伊爾迪爾」，與其勇敢頑強的戰鬥精神是分不開的。在訓練中他們崇尚的信條是：「軍中好漢」非我所重，軍中第一方是我求。「軍中第一」的奮鬥目標，激勵著他們在訓練中對自己高標準嚴要求。他們在訓練中有一道考核題：全副武裝攀爬高達 15 公尺的木梯障礙，這個木梯障礙沒有安全保護裝置，該項目測試的滿分是 17 分鐘攀爬完畢，外軍學員一般是 20 多分鐘攀爬完畢，而顏啟昌和薑世祿分別只用了 13 分鐘和 14 分鐘。

對特種兵來說，許多人不懼高難度的風險動作，但卻怕惡劣環境下對忍耐力的考驗。一次，他們被空投到某山地目標進行三天三夜的滲透潛伏，在潛伏期間不僅沒吃沒喝，還不許爬離個人所在的 20 公尺潛伏區，每人只許穿一件迷彩服和一件背心，外套一件雨衣，野外氣溫非常低，下個不停的大雨把人凍得渾身發抖。這樣惡劣的環境難不倒顏啟昌和薑世祿，他們渴了就用雨衣接雨水喝，餓了就用匕首挖身邊的草根吃，終於靠著頑強的毅力，出色地完成了那次潛伏任務。

特種兵的訓練經常是在夜間條件下進行，他們時常出沒行進於淒風夜雨之中，不許說話和使用燈光，泥濘的山道很滑，懸崖峭壁盡是險，灌木叢林都是刺。一次夜間被「敵軍」追捕，在穿過「敵軍」營區時小薑不慎被「敵方」佈設的鐵絲網鉤住，當他掙脫出來後，大腿內的一側肌肉向外翻出，血流如注，但他堅持與同伴完成了整個「被追捕」的訓練。

在同外軍學員的合作中，他們注重集體榮譽，幫助弱勢組員共同提高整個小組的成績。一次，在湖邊演練「高坡跳水」，當顏啟昌和姜世祿完成入水動作，快速地游向湖岸後，他們發現隨行的一名波黑籍組員入水後沒有浮出水面。他倆不顧個人成績，返身遊回隊友出事地點，幾經搜尋終於將隊友

從湖底中撈出。

　　顏啟昌和薑世祿在土耳其軍校以優異的成績，打破了土耳其山地特種兵軍訓史上前五名從未被外軍奪取的記錄，贏得了土耳其軍人和外國友軍對中國軍人的敬重。土耳其總參訓練局負責人專門致電中國駐土武官處，稱讚中國特種兵出色的表現，土耳其「埃伊爾迪爾」軍校的一名軍事教官在講評會上稱讚說，中國軍人不僅征服了世界上最艱險的軍事障礙，而且還在我們心目中樹立起了一個精忠報國的敬業豐碑。

【案例評析】

　　土耳其「埃伊爾迪爾」是一所世界著名的山地特種軍校，建校已有80多年歷史，被譽為產生世界級山地作戰特種兵的搖籃。在為期一年多的訓練學習中，顏啟昌和薑世祿兩人先後參加了13個內容28個科目的實戰演練，接受了生存與死亡的考驗、肉體與精神的折磨、心理與生理的抗爭，最終以滿分奪魁的優異成績，打破了土耳其山地特種兵軍訓史上前五名從未被外軍奪取的紀錄，展示了中國特種兵的風采，揚了軍威、揚了國威。這一切，靠的就是中國軍人堅韌不拔的毅力、為國爭光的榮譽感、永不言敗的戰鬥精神，而這些正是我們奪取勝利的重要保證。

案例四 砥礪「鋼刀利刃」

瓊州海峽某海域，雲譎波詭，惡浪滔天，一場紅、藍軍資訊對抗激戰正酣。在複雜電磁環境下，一支突擊分隊突如神兵天降，官兵們個個似猛虎下山，穿雷池、越山石，勢如破竹向「藍軍」陣地發起奇襲，拔敵隱蔽點位元，全群覆蓋目標，對敵精確打擊……半個小時激烈拼殺後，「紅軍」戰旗聳立海岸高高飄揚。

擔當突擊分隊的，正是中國某海防團二營五連「中元山英雄連」的官兵。從朝鮮戰場屢建奇功，到轉戰南疆固守海防，再到新時期滿載榮譽，六十多年來，五連全面發展，全面過硬，英才輩出。是什麼讓一個連隊始終迸發出蓬勃的戰鬥力？團政委說：「一把鋒利寶刀的問世，凝聚的是刀匠畢生的心血；一個英雄連隊的傳承，凝聚的是一代代官兵的艱辛付出。在追求『能打仗、打勝仗』的歷程上，五連官兵英勇善戰、無所畏懼，鍛造成了海防線上一把永不卷刃的『鋼刀利刃』。」

古代刀匠鑄刀，無論長刀、短刀、大刀、小刀，都需要一個模具定型。五連官兵把「中元山精神」視作特殊的「模具」，潛心把自身打造成祖國南疆的一把鋼刀——立模塑形，讓使命燃燒在胸。

2013 年 3 月初，又一批新兵分入五連。第一堂課，指導員張付強就帶著他們來到榮譽室。在一面厚重的《中元山烈士名冊》前，張付強將大家的思緒帶回到戰火紛飛的年代：在抗美援朝中元山阻擊戰中，56 名指戰員嚴防死守陣地 16 晝夜，打退敵人 30 多次衝鋒，殲敵 490 餘名，最後僅剩 3 人。張付強說：「這面烈士名冊，就是最後倖存的 3 人回憶整理的，每名烈士的感人故事，也是一代代官兵流傳下來的。在他們身上，凝聚的是『勇於擔當、不畏艱險、敢打必勝、視死如歸』的『中元山精神』。」

一面先烈名冊，十六字革命精神，看似潤物無聲，實則星火燎原。新兵們品讀著一幅幅血雨腥風的戰鬥圖畫，聆聽著一個個感人肺腑的英雄壯舉，不由得將眼睛瞪得大大的，胸膛挺得高高的，拳頭握得緊緊的。一張張稚嫩的面孔，一顆顆純潔的心靈，就這樣慢慢烙上英雄的底色。

鑄刀過程中，刀身只有經過反復錘打，各種元素才能分佈均勻。五連官

兵在訓練中自覺融入「尖子元素」，讓「短板」不斷變長，讓「長板」不斷加長——重錘鍛壓，讓戰鬥力整體躍升。「麵糰需要反復揉捏才能上勁，鋼刀需要反復錘煉才會勻稱，官兵的全面發展同樣需要在錘煉中實現整體躍升。」連長趙才煉說。

回憶五連 2012 年參加上級軍事技能比武競賽，官兵雖然將 12 枚金牌中的 7 枚收入囊中，但是，連長趙才煉卻怎麼也高興不起來，3 個場景讓他一直耿耿於懷：一名班長參加五項全能競賽時，因為一個明顯弱項而痛失金牌；一名「老裝備」搶修火炮，因增加了資訊內容而束手無策；站在領獎臺上的，來來去去也就是那些個熟悉面孔。

這件事情，讓趙才煉對連隊官兵的素質現狀有了更加清醒的認識：人才不少，專家卻不多；單項冒尖的不少，整體過硬的卻不多；學歷高的不少，學歷能力兼優的卻不多。

「一條裂縫、一處凹痕，足以使鋼刀在拼打中斷刃。同理，自身素質欠缺、短板明顯，足使自己在戰場丟掉性命，團隊丟掉勝利。」連長趙才煉字字鏗鏘，如利劍般直指官兵心弦。以此為由，連隊重新確立訓練指導思想，調整訓練計畫，加大基礎課目及偏訓漏訓課目的訓練強度，提高高危課目訓練難度，並每週對官兵的軍事技能進行全面的考核打分，獎優懲劣，讓官兵在訓練中自覺融入「尖子元素」，向尖子標榜看齊。同時，大力開展「換崗練、換位學、換題考」活動，組織軍事幹部學政工、政工幹部學軍事、技術幹部學管理，戰士則打破兵種專業限制，培養一專多能複合型人才。

一班長汪建峰入伍之初 5 公里越野成績無人能破，但面對複雜的炮長專業的單修計算，他卻常是渾身勁兒都使不出。「技能的『短板』就是實戰的『死穴』，五連的兵從來沒有啃不動的『硬骨頭』。」汪建峰不服，一心鉚在了炮長專業單修計算技能訓練上，主動向班長請教計算技巧，利用空餘時間給自己「開小灶」，經常到凌晨 2 點多還能在課室看到他的身影。不到 3 個月，汪建峰的計算速度和準確率就排在了連隊前列。

2013 年 6 月，汪建峰參加軍區抽點式比武競賽，在炮長單修課目中，沒想到時間剛過一半，他就報了聲「好」！只聽「啪啪啪」幾聲脆響，在場

的幾名參賽人員由於緊張過度，接連折斷了手中的鉛筆。最終，汪建峰榮摘炮長專業比武第一名，第二名則是他的班長。像汪建峰這樣有著強烈「本領恐慌」的人，五連還有很多。團長周新發說，五連官兵像「海綿」一樣吸取著各種知識和技能，練就了一身果敢、冷靜、機敏、迅猛的作戰本領，鍛造出了敢打敢拼、堅忍無畏的戰鬥精神。

灼熱的刀身，需要經過急速的冷水浸泡，才能變得堅韌無比。

五連官兵善於利用艱苦的環境，以苦為榮、以苦為樂，磨礪出頑強意志，錘煉出過硬本領——淬火成鋼，讓筋骨無比剛強。

翻閱五連密密麻麻的訓練週期表，緊張的訓練氣息讓人不由得倒吸一口涼氣。輕武器射擊，其他連隊要求完成大綱規定課目即可，五連官兵卻自加難度，增加了多種姿勢、複雜地域、不良天候射擊等內容；別的連隊平時訓練跑 5 公里，五連官兵就增加到 7 公里，並進行 20 公斤負重連貫作業；尤其值得一提的是他們每月不定期的「野外生存訓練」，官兵只攜帶一柄小刀、些許乾糧，就要在野外的陌生環境中生存 3 天。一趟訓練下來，少說都要掉幾斤肉，磨幾層皮。「訓練場上的一點一滴，就是實戰場上的一招一式。」對於嚴格的訓練，五連官兵有著統一的認識：一把灼熱的鋼刀，只有經過急速的冷水淬火，才能增加它的鋼性和韌性。而嚴格的、艱苦的訓練，就是對官兵身心最直接的淬火歷練。訓練條件越苦，就越能磨煉意志、健強筋骨、錘煉本領。

尖刀只有經過硬石的刮削琢磨，才能愈顯光亮。在一次次重大任務中，在一次次危急關頭時，五連官兵攻堅破難，濤頭奮進，永不言敗——拋光打磨，讓刀刃更顯鋒芒。

「只有堅硬的石頭，才能磨出鋒利的刀刃。如果石頭是塊沙石，磨出的刀子必將粗鈍。」這是五連官兵發自肺腑的感言。基於這一認識，五連官兵每次執行任務，最「青睞」難度高、情況急、時間緊的任務，明知有艱險，越險越向前，再苦再累毫無怨言，流血犧牲在所不惜。

2011 年 6 月，五連隨團執行國防光纜施工任務，他們主動將連旗插在了土質最硬、亂石最多的施工地段，僅用 20 天就完成了 1 個半月的施工量。

一場「攻堅戰」打下來，13 把鐵鍬卷了「刃」，9 把鋤頭斷了截，全部手套破損，沾染血跡。6 名官兵因持續施工，手臂腫得像小腿一樣粗，連吃飯握筷子都握不穩。一名看守工地的老爺爺見狀，感動得熱淚盈眶：「孩子，你們幹起活來真是太拼命了。」

　　血性需要勇氣去鑄就。在實戰化訓練中鍛煉血性，首先要堅持從難、從嚴、從實戰需求出發，以未來作戰需求牽引軍事訓練，讓官兵在近似實戰的環境中錘煉吃苦耐勞、連續作戰、百折不撓的戰鬥精神，實現鍛煉血性與練體能、練技能、練智慧的有機統一。

【案例評析】

　　《鋼鐵是怎樣煉成的》一書的作者奧斯特洛夫斯基曾說：「鍛造鋼鐵要經過高溫然後急劇冷卻的過程，只有經過淬火，它才會變得堅固，從而無所畏懼。」和平年代的軍人，沒有槍林彈雨的考驗，沒有生死邊緣的掙扎，勇氣的培養主要通過軍事訓練。「中元山英雄連」的官兵們正是通過嚴酷的訓練磨礪著自己的技能，更磨礪著自己的精神！只有使訓練貼近實戰、貼近未來戰場，堅持打仗需要什麼就苦練什麼，崗位需要什麼就練精什麼，才能激發直面困難、解決困難的勇氣；只有把「練為戰」的思想根植在骨髓裡，把實戰化訓練當成硝煙彌漫的戰場，在汗與血的洗禮中，才能直面生死、砥礪血性，鍛造出錚錚鐵骨的熱血男兒。

案例五　金牌戰士

　　卓張明，一個名不見經傳的名字，入伍十幾年來，雖然沒有驚天動地的壯舉，也沒有震撼人心的故事，但他的軍旅歷程卻告訴了我們訓練之中磨礪戰力、平凡之中孕育非凡的道理。

　　1994 年 12 月新兵入伍培訓後，卓張明被分到中國總參某通信團。

　　在新兵連時候，指導員給每個人分發了一本《新兵政治理論常識》，通過閱讀學習，卓張明被書中新穎的觀點和深刻的闡述深深吸引，從那時候起他就對政治理論產生了濃厚的興趣。

　　興趣若沒有堅持不懈的學習也是枉然。在學習政治理論的道路上磕磕碰碰在所難免，但是卓張明靠著「靠擠勁學習理論，靠鑽研領悟理論，靠韌勁運用理論」這「三股勁」努力學習充實自身理論功底，在業餘時間中，最能看到他身影的地方是連隊的閱覽室；野外駐訓時，他主動請纓擔任連隊「流動書箱」保管員，就是想利用「職務便利」能多看看書；光看還不行，在閱讀過程中還要做好筆記，二十多年來，他摘錄的筆記達三十多萬字，自己製作的報刊剪貼本十多冊。

　　就是憑著這股學習勁，卓張明的政治理論功底愈加扎實，在學習的過程中他也逐漸發現自己學習的東西應該讓身邊更多的戰友瞭解，於是他走上了連隊講臺，給戰友們宣講黨的創新理論。但宣講過程中卓張明又發現了一個問題，那就是自己濃重的鄉音嚴重影響了戰友們的聽講，於是他常常在兜裡揣著一張報紙，一有機會便拿出報紙朗讀來練習自己的發音。卓張明十分擅長從戰士的視角來宣講，通過身邊的小事情來把深奧的道理通俗化，以便於官兵接受，他還善於使用形體語言和運用幽默來吸引聽眾，大大活躍了講課氣氛，被官兵們親切地稱為「原生態」講課。

　　漸漸地，卓張明在連隊裡講出了名，於是團裡又安排他給其他連隊、幹部骨幹、新畢業學員講課，後又從部隊講到了地方高校，所到之處深受歡迎。

　　2007 年 4 月，卓張明參加了總參舉辦的「四會」政治教員培訓。在最

後的結業考核中，他取得了授課評比第一名的成績。並且同年 12 月，卓張明作為參會的唯一士官，在第三屆總參「四會」優秀政治教員的競賽中，獲得教案編寫、課件製作和現場授課綜合評比一等獎。

從連隊課堂到總參授課比賽的講臺，從部隊巡迴宣講團到地方高等學府的理論講座，卓張明就如一台永不停歇的「播種機」，熱情地傳播著黨的創新理論，被軍委首長譽為「士官政治教員」。

除了學習政治理論，卓張明並未忘記自己作為一名通信兵的責任。入伍後，卓張明學習的是載波專業，學習訓練刻苦努力的他入伍當年就在團裡組織的比武中奪得第一名，成為該團隊歷史上兵齡最短的冠軍。在此之後，隨著資訊化建設的步伐，部隊通信裝備多次升級換代，但卓張明並未被資訊化浪潮擊潰，相反，他先後三次改變專業，六次更換崗位，從類比到數位，從定頻到跳頻，從人工到智能……資訊化程度愈來愈高。卓張明幾乎每次都是從零開始，但每次都能成為新領域的佼佼者，靠的就是平時訓練的刻苦。

2001 年 5 月，上級配發了新型接力通信車，要求團隊在兩個月內形成戰鬥力，參加全軍重大演習。然而這種裝備團裡先前沒有人接觸過，這對於卓張明來說是一個全新的考驗，從接手裝備起，他就帶著技術骨幹先從熟悉基本原理入手，每天吃住在新型通信車上。就這樣經過了一個多月艱苦奮戰，卓張明成為第一個熟練操作該新型裝備的士官，並且順利完成了之後舉行的演習任務。

這些年來，卓張明經歷的類似考驗、接受的各種考核不下百次，次次表現優秀。現今的他能夠熟練操作 6 種通信裝備，成功摸索出 10 多套戰法訓法。先後被評為全軍「愛軍精武標兵」、全軍「優秀青年標兵」、全軍「士官優秀人才一等獎」，榮立一等功 1 次、二等功 1 次、三等功 3 次。這位身高僅有 1.60 公尺的軍中硬漢，用自己的行動告訴我們訓練之中磨礪戰力、平凡之中孕育非凡的道理，不愧為一名「金牌戰士」！

【案例評析】

訓練之中磨礪戰力、平凡之中孕育非凡。卓張明只是一名普通的士官，沒有驚天動地的壯舉，也沒有震撼人心的故事，但是，無論是「四會」政治

教員授課比賽，全軍重大軍事演習演練任務，還是不斷更新的專業新領域，卓張明都能成為其中的佼佼者，靠的就是平時的刻苦訓練，以及對卓越的不懈追求。他始終以提高保通打贏能力為己任，刻苦鑽研，迎難而上。如果每個軍人都能抱著這種態度、這種信念、這種愛軍精武的精神，明日戰場上的勝利必將屬於我們！

案例六　不給對手 1 秒的機會

京郊某訓練基地，戒備森嚴。一場精心準備的反恐訓練彙報演示正在進行。

「啪啪啪——」一名身著雪豹突擊隊黑色作戰服的隊員，迅捷如豹，疾跑如風。掏槍，上膛，擊發，換匣，再上膛，再擊發……從 92 式手槍槍膛彈跳出來的子彈紛揚而落，彈彈中的。瞬間，手槍進套，又一支 95 式步槍在手，又是一陣密集的快射，靶如落葉。100 公尺遠的距離上，兩種武器，三次換匣，一次換槍，46 個限時靶無一漏網，全部擊中，整個過程僅僅 46 秒！

創造這個「神話」的，便是中國雪豹突擊隊隊員、「快槍手」李增援。2004 年 11 月 25 日，是一個普通得不能再普通的日子，而對於李增援來說非常特別，因為就在這一天，李增援成為一名特戰隊員，然而要成為一名真正的特戰隊員不下點苦功夫是不行的。

快跑快停，快跑急停，快速瞄準，首發命中，這是李增援的射擊教練王曉健的射擊新理論。為了練好這門絕技，李增援下了苦功夫。要想據槍實、瞄準快、擊發快，臂力就必須足，因此拳臥撐是他練得最多的輔助訓練。冬天室外天氣寒冷，就在室內水泥地板上練，手破了皮，出了血，起疤，再練，疤上起疤。王曉健的射擊理念注重快速更換彈匣和自我保護，要求每名隊員隨時清楚彈匣裡子彈的數量，當彈匣裡沒有子彈或快沒子彈的時候，找好掩體再換彈匣，不給對手 1 秒的機會。

驚心動魄的快反射擊模擬訓練，李增援自己也不知道重複了多少遍。正是這種實戰性訓練，練就了他快速突入、快速反應、快速准確辨別、快速瞄準擊發的超強本領，射擊實戰能力得到大幅提高。

2007 年，羽翼漸豐的李增援已是特戰大隊最優秀的快槍手之一，他也開始了自己的創新之路，他將普通氣體打火機置於長滿厚繭的虎口與食指之間，快速按打火輪，直到打火輪扭曲變形。目的：鍛煉食指指力與手掌的協調性。

他雙手緊緊握住握力器，右手食指伸開，反復做扣動扳機的動作。目的：練手的握勁和食指的靈活性。

桿麵棍中間系一根繩子，繩子一頭綁兩塊磚，兩手握桿麵棍把磚卷上來，再反方向把磚慢慢放下去，反復練習。目的：練小臂和大臂的力量。

他用黑布蒙著雙眼，把 95 式自動步槍、92 式手槍、81-1 式步槍所有零件拆開，把 95 式 5.8 公釐普通彈、92 式手槍彈、7.62 公釐步槍彈混在一起，再把三支槍裝好，把子彈分好類，供彈上膛，揭開眼罩，持槍瞄準，對 100 公尺遠的目標進行射擊。目的：練習夜間和陰暗條件下槍械拆裝分辨能力。

夜間，他閉眼躺在床上，像握槍一樣握著一隻鐳射燈，猛然睜眼，手按燈亮，燈光定在某物體上，滅燈、閉眼，再睜眼、亮燈，如此反複。目的：練習快速定點瞄準。

李增援的這些「發明」和「獨創」，使得訓練中的他抬手就能定位，舉槍就能鎖定。生活中，眼前的每一個運動或靜止的物體，都會被他的目光「鎖定」，隨之萌發出一種抬手瞄準的衝動。

槍已成為李增援身體的一部分。讓他閉上眼睛，把他的槍和另外一支相同的槍放在一起，他伸手一摸就能辨認出自己的那一支。就這樣，李增援熟練掌握了 9 種輕武器的戰鬥性能和實戰運用。

2007 年 9 月，雪豹突擊隊代表中國武警首次走出國門，赴俄羅斯參加「中俄—2007」聯合反恐演習，李增援奉命出征。

按照事先任務分工，李增援擔負攀登突擊車突入樓房解救人質的任務。到俄羅斯後，導演部中方指導組對他的任務進行了臨時調整，改成擔負直升機機降突擊任務。

對李增援來說，直升機索降不是什麼生疏課目。但這次演習設定的是直升機直降，由中俄雙方各 5 名隊員共 10 人擔負。包括李增援在內的 5 名中方隊員以前都沒有訓練過這個課目，而俄方隊員在演習前已進行過很長時間的專門訓練。

為儘快掌握動作要領，李增援向中隊長李廣升建議，讓翻譯跟俄方 5 名隊員商量，請他們指導中方隊員進行突擊訓練。俄方隊員欣然同意，沒有條

件進行登機訓練，便利用一個 4 公尺高的陡坡，一對一教他們訓練跳機。

這個課目難度很大，開始時不得要領，練了一天跳了上百次，李增援和其他 4 名隊員摔了不知多少次。而且演習中直升機是運動的，落地時身體的平衡只有靠隊員自己臨機把握。最令李增援和帶隊領導擔心的還不是這些，而是這個課目沒有任何安全防護措施，要知道，從直升機上直接往下跳，沒經過長時間的訓練很容易出問題。

演習那天，每名隊員對應一個直降點，到了自己的區域就必須跳下，李增援是第 3 名隊員，對應的是 3 號區域，在他前面的是兩名俄方隊員。由於直升機駕駛員沒有控制好飛行高度，飛達指定地域時離地面 4 公尺多高，飛行速度也較快，前面的兩名俄方隊員向下一看，頓時傻了眼，猶豫一下直搖頭，退回機艙。李增援的直降區域眼看就到了，他推開機艙門低頭一看，飛機的確過高，速度也很快，他深吸一口氣，抱緊槍，縱身跳下……

李增援順勢一個滾翻，打了兩個滾才站起來，滿身是黃沙枯枝，全身被震得生痛，受到重力衝擊的膝蓋有些發抖，還好，沒摔著！來不及喘息，他馬上觀察地形，搜索目標，一個臥姿出槍，快速擊發，前方之「敵」應聲倒下。

其他 4 名中方隊員也鼓足勇氣，一個接一個都跳了下來。中方隊員的勇氣，給俄方隊員也壯了膽，最後，3 名俄方隊員也跟著跳了下來。

觀禮台爆發出一陣熱烈的掌聲。剛才的一切，被數十名中外記者和中俄雙方觀演領導看得真真切切。

【案例評析】

練兵習武顯身手，降服頑敵建奇功，作為雪豹突擊隊隊員，哪怕比敵人快 0.1 秒，也是生存的保證、勝利的保證。「快槍手」李增援，在一輪輪殘酷的成敗考驗之中，將戰鬥精神融入骨髓，摸索出了面向殘酷戰場的取勝之道：那就是訓練出戰鬥力！驚心動魄的快反射擊模擬訓練，李增援自己也不知道重複了多少遍，熟練掌握了九種輕武器的戰鬥性能和實戰運用，槍已成為李增援身體的一部分。軍人，用訓練成就奇跡，用生命踐行忠誠！

案例七　三棲精兵這樣練就

懸崖攀登，特種爆破，十里泅渡，深海潛水，傘降機降……在空中，他像一隻展翅翱翔的雄鷹，用他犀利的眼神搜捕視野中的獵物；在陸地，他像一位身懷絕技的獵人，用他百步穿楊的槍法教訓準星裡的敵人；在水下，他像一條穿梭自如的蛟龍，用他石沉大海般的沉穩伺機觀察可能出現的情況……

他，海陸空「三棲」全能。

他，先後參加上海合作組織峰會等 40 多次重大任務，兩次榮立三等功，兩次二等功，一次一等功，被評為「優秀士兵」「全軍愛軍精武標兵」「全軍優秀青年標兵」。

人們不禁要問，這樣一位上天入地的英雄到底是誰？沒錯，他就是何祥美，一個來自南京軍區某部六連的普通士兵。

這樣的形容，不免會讓人產生一種印象：那他一定是一位身材高大，體型魁梧，英姿颯爽，鐵血豪情的錚錚鐵骨男兒，沒錯，他是一位鐵血男兒，但他——1 公尺 69 的個頭，入伍時 80 公斤的體重，普通的身板，平平的相貌，內斂的微笑，少言寡語，還有幾叢倔強的頭髮。1999 年，國慶大閱兵，令世界矚目。這時候，誰也不會想到，坐在電視機旁默默收看閱兵典禮的小夥子何祥美已經被這壯觀的場面深深激蕩，暗自堅定了入伍當兵的決心。同一年，小夥子如願以償，成為一名光榮的人民子弟兵。

談起入伍時候對何祥美的第一印象，之後訓練他成為神槍狙擊手的李志軍說到：「他個頭不高，體型偏胖，確實不像是一個三棲精兵。」

但就是這樣一個在旁人看來先天條件並不優越的何祥美，卻在入伍 10 餘年中，刻苦訓練，認真學習，成為一名驍勇善戰的「三棲精兵」。

那是 2007 年 11 月的某一天，東南某地射擊場，200 公尺開外的密林間，模擬「敵」頭像靶緩緩豎起。在外軍，狙擊手對人頭靶射擊距離一般是 80 公尺，此刻，射擊距離是平時的 2.5 倍。遠遠望去，頭靶還不及指甲蓋的一半大。何祥美手指輕輕預壓扳機，子彈就要出膛。這時，風向陡變，風速陡

增，草木搖曳，觀禮臺上的人們不禁倒吸一口涼氣，無不為之捏一把冷汗，空氣仿佛凝固住一般。

「砰！砰！」兩發子彈，一發打進人中，一發穿透眉心！

「打得好！」軍委領導高興地說，「小夥子，我要和你照張相！」槍王的美譽從此無人質疑！

何祥美的這種沉著冷靜的戰鬥精神是與其在訓練中不怕艱難困苦、勇於磨煉分不開的。

入伍時，為了鍛造體能，他堅持每天比戰友提前半小時起床，腿上綁著沙袋，身上穿著沙袋背心，先跑個 5 公里，回來後再參加連隊的正常訓練。這一習慣他一做就是十多年。

何祥美的這種自我加壓式的訓練方式也融入了他日常的訓練當中，在日常的行軍訓練中，他會自己在背上加 10 塊磚的負重奔跑 50 公里，而當其他戰友也負重 10 塊磚時，他會再加兩塊，甚至是加一片杠鈴來提高負重。

總是要比其他人多努力一點，多付出一些。也許這就是何祥美優秀的原因之一吧！作為一名士兵，狙擊射擊是一項十分重要的技能，如何成為一名能打贏的兵，何祥美也有著他自己獨到的過人之處。為練就一槍斃敵的絕殺本領，他把圓石子、彈殼放在槍管上，進行據槍定型訓練，掉一次自覺加練 10 分鐘，能達到 2 個小時不掉。

這幾年，何祥美接受考核 800 多次，次次優秀。如今，200 公尺目標，他指哪兒打哪兒；800 公尺距離，他發發命中要害；手槍速射，拔槍、瞄准、擊發，僅需 0.58 秒。

埋頭苦練並不是何祥美「優秀」的唯一原因，愛思考、勤動腦，在訓練中不斷創新是他保持進步和優秀的源泉。

狙擊手集訓隊教員李志軍介紹，一段時期，對於步手槍射擊訓練，戰士們的水平似乎遇到了瓶頸，成績總是維持在一個水平線上無法提高。對此，戰士們也沒有過多的考慮。而何祥美坐不住了，「怎麼才能提高訓練的成績？問題出在哪了？」在翻閱了大量的射擊訓練教材後，何祥美發現，步手槍射擊對身體力量要求最高的其實是核心力量區。在這之後，戰士們突擊訓

練核心區力量，不到兩周的時間，步手槍射擊的成績，果然有了明顯的提升。

「他是所有訓練隊員中問題最多的一個！」提起這個讓人「又愛又怕」的「問題學生」，李志軍的「牢騷」中充滿對何祥美愛動腦勤思考精神的佩服和讚歎。

在 2005 年 12 月到 2006 年 9 月為期 10 個月的狙擊手集訓中，何祥美是所有隊員中最愛提問的一個，無論是在集訓場上，還是在訓練之餘，只要有問題，他總會纏在身為集訓教官的李志軍身邊，提出一個又一個問題進行連續「轟炸」。

而最讓教官為之驚歎的是在白天大負荷的訓練後，何祥美每天晚上還都堅持看書學理論，是所有集訓隊員中睡最得晚的人。10 個月裡，他憑著一股韌勁挑燈夜讀，啃下《射擊學》《終極狙擊手》等 8 本專業書籍，整理筆記 12 本 9 萬多字，記錄射擊資料 850 組，繪製圖表 60 多張，攻下了深奧的射擊理論這一關。

一次飛行訓練中，一名戰友的裝備出現險情，兩翼不停抖動，難以控制。「問題出在哪？」何祥美第一個提出了質疑，他馬上翻閱參考教材，諮詢專家，又冒著生命危險，兩次駕駛裝備上天驗證，終於發現癥結：裝備的主樑彎曲變形。而當時，這種裝備剛配發不久，部隊沒有人會更換主樑。何祥美主動請纓成立攻關組，對照裝備和說明書，僅用了 4 天就完成了主樑更換任務。

有人曾說：「狙擊手就是用子彈餵出來的。」而何祥美用了這樣一句鏗鏘有力、擲地有聲的回答反駁了這種片面的觀點。

何祥美說：「當一個合格的特戰隊員，光靠勤學苦練是遠遠不夠的。」他覺得，一個知識豐富的人才能想得更遠，一個具有創新能力的兵才能走得更遠。

這樣的戰士，怎麼能不進步；這樣的戰士，怎麼能不優秀！

未來作戰既是體能、技能的對抗，更是意志和心理的較量。孤島生存是一項重要訓練項目，它要求戰士們在大海中的一座孤島上利用島上的自然條

件堅持生存，一般部隊的標準是 3 天 3 夜。而何祥美在一次孤島生存訓練中卻堅持了 7 天 7 夜，這和他的一手「好廚藝」分不開！

在上島之前，何祥美通過大量閱讀，知道了什麼野菜可以吃，哪種蘑菇可以食。魚怎麼釣，鳥怎麼捉……他都已經爛熟於心。由於在島上每個戰士每天只配發一兩公尺，這對於常人來講只能保證餓不死，如何提高「生存品質」，何祥美又動起了腦筋。

在孤島生存，最重要的是解決淡水問題。何祥美想出了一個好辦法。他在一處高地挖一個深 1 公尺的洞，在洞裡裝滿海水，然後在洞下放一個盆子，洞口蒙上一層紗布，當中午太陽光直射洞裡，海水蒸發後水珠凝聚在紗布上然後滴落在盆子裡，這樣就解決了淡水問題。

接下來該何祥美展示「廚藝」了。

在夜晚退潮後海灘上會留下很多海蠣，何祥美就把一個個的海蠣從石頭上拔下來，敲開外殼取出裡面的肉，然後在樹杈上掏幾個鳥蛋，和海蠣放一起在鐵板上烤，戰士們戲稱這道菜叫「海蠣煎蛋」！

7 天 7 夜的孤島生存，何祥美又一次證明了自己的能力，創造了新的紀錄。

【案例評析】

「當兵就當能打得贏的兵！」當上狙擊手時，何祥美在日記本上寫下這句激勵自我的話。十幾年過去，何祥美掌握了狙擊射擊、懸崖攀登、空中飛行、泛舟潛水等 30 多種技能，沒有一個是輕輕鬆鬆拿下的，所有的果實，都是在汗水、淚水甚至血水裡長成的。何祥美說：「軍人最不怕的就是吃苦，最富有的就是有吃苦精神。」別人練 10 遍，他要練習 20 遍，別人跑 5 公里，他要跑 10 公里。埋頭苦練並不是何祥美「優秀」的唯一重要原因，愛思考、勤動腦，在訓練中不斷創新是他保持進步和優秀的源泉。可以說，「苦練」加「巧練」成為鑄就三棲精兵的秘訣。

案例八　軍中「霸王花」

　　初春的一天，在成都市雙流縣一個小小的賓館中，一名女服務員手提開水瓶敲開了二樓三號房間，開門的是一個滿臉絡腮胡的中年男人，他身形高大，手指夾著香煙，給人以一種壓迫感，女服務員幫忙灌滿開水後便離開了房間。兩小時後，二樓三號房間又被敲開，這次敲門的是一個三十上下、濃妝豔抹、穿著時尚的女人，見她的肩上還挎著一個鼓鼓囊囊的黑色手提包，女人進門後男人立刻關上了門。幾分鐘後，女服務員又來到了三號房間門口，只是這次身邊還有多名持槍特警隱蔽一旁，敲開門的一瞬間，女服務員便搶開門衝入房間，開門女子被突如其來的變故搞得不知所措，當場束手就擒。但絡腮男子反應極快，立刻提箱從窗戶跳下，女服務員見狀迅捷地攀上窗戶一躍而下，將絡腮男子逼在院子角落，男子將手中提箱狠狠砸向女服務員，可沒想到被其靈巧閃過，於是又拔出隨身攜帶的匕首刺向女服務員，不曾想又被其迅猛的鞭腿一下將手中匕首踢飛，沒了武器的男子欺身而上，雙手拽住女服務員衣服，想把其摔落在地，可反過來卻被女服務員在連續擊打小腹之下節節後退，女服務員趁勢騰空躍起將男子踹飛在地，順勢衝上去用熟練的擒拿將男子制服，與隨後趕來的幹警將這名罪犯抓捕歸案。

　　一名女服務員怎麼會如此厲害？原來她的真實身份並不是服務員，而是一名女特警！她的名字叫雷敏，軍中外號「霸王花」！當時抓捕的物件是三進宮的老毒梟「美女蛇」，雷敏受命配合當地警方在毒販交易的時候將其一舉抓獲。那次抓捕行動中雷敏憑藉著良好的偽裝技巧和過硬的軍事素質，在險象環生的搏鬥中將罪犯一舉拿下，展現出了軍中「霸王花」的威名。其實類似的行動雷敏參與了許多，1974 年出生四川的她於 1990 年入伍，在其 20 多年軍旅生涯中總共參與 40 多次重大的執勤處突任務，共抓捕犯罪嫌疑人 10 餘名，並且兩次受邀出國為別國女子特警隊進行指導訓練，曾 70 多次在對外軍事表演中為國家和武警部隊爭得榮譽，先後榮立一等功一次，二等功兩次，三等功三次。

　　然而滿載榮譽的背後是平時訓練時付出的辛勤汗水與千倍努力。1990年，雷敏懷揣滿腔熱情考入了女子特警隊，自此踏上了一條充滿艱辛與傳奇

的特警生涯。

　　要成為一名合格的特警談何容易？自進入特警隊後，日常訓練的高強度、滿負荷本就讓人疲憊不堪，並且為了磨煉意志，特警隊專門選擇風雨交加的天氣和泥濘的沼澤開展訓練，儘管全身裹滿泥漿，累得站不起身，吃不下飯，但雷敏憑藉著超強的意志咬牙堅持，每天晚上睡前「五個」一百，100 次單臂推磚、100 次千層紙出拳、100 次踢打樹樁、100 次俯臥撐和 100 次仰臥起坐成了家常便飯，雷打不動。同時為了消除女性與男性相比在體力和心理等方面的不足，雷敏每天會提前半小時起床綁沙袋跑五公里強化體能，此外還會爬上六層樓高，站在陽臺欄杆上行走，反復進行高樓垂降，借此鍛煉心理素質以更好地完成各項高樓作戰訓練。她個人創造的 57 秒徒手攀登 5 層樓的速度，現在仍是世界女警的最高紀錄。

　　「不付出超人的代價，就練不出超人的本領。」雷敏在自己的日記裡寫下這句話。也正是靠著這股子拼勁兒，在平時進行倒功訓練時她從來都不要墊子，就直接在水泥地上摔打。一次不行，就摔兩次、三次、十次、二十次，直到動作準確為止。在一次泥濘不堪的野外進行倒功訓練時，雷敏在躍起一公尺多高側倒落地後，頓時覺得左小腿鑽心的疼痛，可她並沒吱聲，咬緊牙關堅持到了訓練結束，在回營區的路上由於下雨視線不清，雷敏被一塊石頭絆倒，隊友們扶起她時才發現她的腿在流血。大家驚呼：「你怎麼了？」雷敏臉上強裝著笑容道：「沒有事。」到衛生室後戰友們才發現她左小腿上紮進一塊玻璃，傷口竟縫了 14 針。

　　艱難困苦的訓練，給雷敏奠定了前進的階梯，磨煉了她的意志，培養了「永不言敗」的戰鬥精神。經過幾十年如一日的苦練，雷敏練就了手掌斷磚、彈無虛發、拳頭碎石、徒手攀登等各項特戰絕技，創造了世界女警中的多項紀錄。如今的她，已經從一名女特警戰士，成長為武警某學院訓練部副部長。但是她卻依然把練兵場作為自己忠誠使命、報效國家的戰場，把視野投向了建設現代化武警事業的更遠方，在鑄就新型軍事人才的漫漫征途上，繼續著與風雨同行的從軍路。

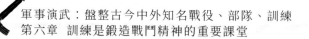

【案例評析】

　　自古豪傑有萬千，誰說女子不如男。女子也有男兒的氣概，女子也有男兒的鐵骨！女子特警隊員雷敏在一次次重大的執勤處突任務中，憑藉著良好的特勤技巧和過硬的軍事素質，展現出了軍中「霸王花」的威名。「不付出超人的代價，就練不出超人的本領。」雷敏在自己的日記裡寫下這句話。幾十年如一日的苦練，雷敏練就了手掌斷磚、彈無虛發、拳頭碎石、徒手攀登等各項特戰絕技。艱難困苦的訓練，給雷敏奠定了前進的階梯，磨煉了她的意志，更培養了「永不言敗」的精神。

案例九　鋼筋鐵骨這樣鑄就

2005 年初，中國海軍司令及政委簽署通令，給陳昌鋒記一等功。誰是陳昌鋒？其實他是一個普通人，農家子弟，兩次高考名落孫山，從軍之路漫長而艱辛。他也不普通，他是被稱為「天下第一旅」的海軍某陸戰旅兩棲裝甲團團長。他所指揮的軍事訓練表演，令來自 56 個國家的駐華武官留下這樣的評語：這是一支任何對手都不能輕視的部隊！

那是 2004 年 2 月，56 國駐華武官聚集雷州半島，觀看了陳昌鋒帶領的兩棲裝甲部隊在這裡舉行的登陸作戰表演：在直升機的掩護下，陳昌鋒率領的兩棲坦克、裝甲車，踏浪泛水，突破障礙，搶灘登陸，勢如破竹。激烈的對抗，火爆的場面，盡顯「陸地猛虎、海上蛟龍」的威武雄風，贏得各國武官連聲稱讚，所以就有了剛才的評語。

為鍛造能征善戰、所向無敵的兩棲精兵勁旅，多年以來，陳昌鋒在帶領團隊駕戰車搏怒海狂濤、驅鐵甲征山嶽叢林的同時，苦練意志和作風，培養一往無前的戰鬥精神。

千錘百煉，鍛造兩棲勁旅鋼筋鐵骨。兩棲裝甲團雖是機械化部隊，但嚴酷的訓練卻是從兩隻「鐵腳板」開始。從團長到列兵，每人腿上一副沙袋，每天早晚兩次體能鍛煉，每週至少兩次 5 公里武裝越野。團裡建起了一條兩棲裝甲兵體能訓練帶，滑鐵索、走浪橋、涉淺水、越障礙、衝沙灘，濃縮了登陸作戰全過程。陳昌鋒常常激勵大家，兩棲裝甲兵作戰條件艱苦，體力消耗大，如不注重培養英勇頑強戰鬥精神和體能鍛煉，別說搶灘登陸，單是海上顛簸就會暈頭轉向。

一次，團裡組織 5 公里武裝越野考核，坦克三連連長董軍跑不到一半便氣喘吁吁，拖了連隊的後腿。原來，董連長過去愛喝啤酒，貪杯的結果是腰粗了，肚子也圓了。陳昌鋒當著三連戰士宣佈：「下次考核不過關，我撤你的職！」重壓之下，董連長知恥而後勇，每天堅持大運動量的體能鍛煉，半年下來，體重一下減了 15 公斤，輕鬆拿下了 5 公里武裝越野。

兩棲裝甲團要真正成為敢打必勝的「陸地猛虎、海上蛟龍」，除了千錘百煉，別無他途。正是基於這樣的理解，陳昌鋒千方百計利用特殊氣象、特

殊任務等時機，帶領全團官兵戰高溫、鬥酷暑、搏風浪，在常人難以想像的環境中反復歷練捶打。

這是在兩棲裝甲團經常能見到的一幕幕訓練場景：——盛夏正午，沙灘表面溫度超過 60℃，陳昌鋒帶領官兵光著膀子，身穿短褲，赤腳而立。頭頂是烈日當空，腳下是灼人的沙石，一站就是 2 個小時。這種耐高溫酷暑的訓練，在兩棲裝甲團每年都搞，一練就是 2 個月。

——盛夏午後 2 點，驕陽似火，陳昌鋒命令全團緊急集合，全副武裝進行長途奔襲。官兵們把軍用水壺裡的水全部倒光，連續急行軍 4 個小時滴水不沾，一路上還要演練防空襲、挖戰壕、打阻擊等各種戰術動作。這樣的挑戰極限訓練，夏季每週都要組織一次。

——還是盛夏，烈日當空，陳昌鋒帶領官兵鑽進戰車，沉穩坐定，在氣溫超過 50℃ 的狹小空間裡，訓練駕駛、通信、射擊等技戰術課目，一練就是大半天。

——颱風季節，南海海域波濤翻滾，風大浪高，陳昌鋒帶領一輛輛兩棲裝甲戰車，組成一個個突擊隊形，在波峰浪穀間馳騁。這種挑戰海上極限氣象條件的訓練，一練就是兩三個月。

——每當完成重大演習任務後，陳昌鋒都要組織部隊徒步回撤，在官兵們處於極度疲憊之際，他還要按實戰的要求，設置反空襲、反襲擾、抗阻擊等各種新的戰術訓練課目，帶領部隊走一路、打一路……

對於這種「魔鬼式訓練」，陳昌鋒說：「要戰勝魔鬼，就要比魔鬼訓練還要殘酷。」待在舒適的環境裡培養不出戰鬥精神，只有通過殘酷的實戰化訓練，才能培養出真正能打仗的部隊。

多年來，陳昌鋒以打贏為標準，從難從嚴要求自己，從難從嚴捶打部隊，帶領團隊縱橫兩棲演兵場，先後征服了多種地域環境、多種海上複雜氣象、多種高難訓練課目，探索出一批兩棲作戰的新戰法、新訓法，多次圓滿完成了上級賦予的軍事演習、迎外表演等重大任務。

訓練就是打仗，摻不得半點水分。平時訓練扎扎實實、敢擔風險，戰場上才能從容應對、化險為夷。強烈的責任意識，促使陳昌鋒以特殊的練兵膽

略錘煉部隊。

一次重大演習，陳昌鋒的兩棲戰車經過一夜航渡，拂曉前抵達預定渡海海域。此時海上風雲突變，海況大大超過了兩棲戰車泛水的性能極限。「還能不能下海？」演習指揮部來電詢問。「沒問題，請首長放心！」陳昌鋒果斷地回答。他心裡明白，在和平時期演習就是打仗，別說是一點點風浪，就是龍潭虎穴也要闖過去。他根據平日在大風浪中訓練所積累的經驗，科學組織，帶領部隊鬥急流、闖險灘、破障礙，以迅雷不及掩耳之勢，一舉攻佔「敵」灘頭陣地。像這樣的事，官兵們已記不清到底經歷過多少回，但大家都清楚地記得，自陳團長上任以來，訓練計畫「雷打不動」，團裡從來沒有因為天氣、風浪等原因而改變訓練計畫。

訓練場上從難從嚴摔打，考核比武也絲毫不降低標準。

迎外表演，正是露臉的時候，陳昌鋒堅決反對挑選尖子，他將任務下達給裝甲營，再把3個項目分給3個建制連，考驗整體訓練水平；練習夜間射擊，選擇照明射擊、雪夜射擊、月夜射擊都算達到課目要求，陳昌鋒卻偏要從難從嚴，練習夜暗條件下的閃光射擊；裝甲步兵輕武器訓練，不能像步兵一樣趴在地上打靶，要苦練乘車戰鬥射擊，在進攻中打得准，顛得暈車嘔吐也能跳下車立即投入戰鬥；練習登陸搶灘，不只練跑得快，更練排雷破障、衝過炮火攔阻、通過染毒地段等戰鬥要領，一項動作也不能少……

培育部隊戰鬥作風，來不得半點虛假。陳昌鋒時常告誡官兵：

訓練降低了標準，成績就「摻了假」。越是作戰需要的真本領，訓練中越不能作假。過去，有些難度大、危險性高的課目不敢訓、訓得少，陳昌鋒上任後，果斷恢復了坦克浮流射擊、夜間實彈射擊、運動中乘車射擊、載員射擊等一批高難課目，戰鬥力有了新的提高。

職能須臾不忘，時刻保持戰鬥隊意識。雖然沒有經歷戰火洗禮，但兩棲裝甲團的官兵時刻不忘戰鬥使命，陳昌鋒腦子裡繃得最緊的就是戰備這根弦。為了保衛和平，必須準備戰爭！為此，陳昌鋒帶領團隊秣馬厲兵，枕戈待旦。他們每月至少要組織一次部隊緊急拉動演練，經常隨意在地圖上畫定一個區域，指揮部隊齊裝滿員向該地區集結。在連續12個小時的緊急拉動

中，組織部隊練通信、練駕駛、練戰術、練戰法、練指揮、練對抗。

戰爭和生死是陸戰隊員無法回避的重大考驗。當一名陸戰隊員不僅要有服役期內當兵打仗、帶兵打仗的思想準備，更要具備當先鋒、打頭陣，不怕流血犧牲，壓倒一切困難、戰勝任何強敵的英雄氣概。陳昌鋒說：「無論武器裝備如何發展，保持頑強的戰鬥精神和高昂的士氣，永遠是克敵制勝的法寶！」

一次訓練間隙，陳昌鋒和連隊官兵一起玩「擊鼓傳花」遊戲，花傳到他手裡時，鼓聲戛然而止。陳昌鋒站起來有感而發：「對軍人而言，和平生活也猶如這擊鼓傳花，當歡快的鼓聲一停，就該是我們上場的時候了！」

【案例評析】

在資訊化戰爭中，高精技術的使用、非對稱作戰、遠端精確打擊使戰爭空前殘酷，不具備頑強的戰鬥作風和高漲的戰鬥精神，一旦遭敵打擊，就會精神崩潰。而高昂的士氣和頑強的戰鬥精神只能從艱苦的訓練和戰鬥中得來，正如陳昌鋒說：「無論武器裝備如何發展，保持頑強的戰鬥精神和高昂的士氣，永遠是克敵制勝的法寶！」兩棲裝甲團要真正成為敢打必勝的「陸地猛虎、海上蛟龍」，除了千錘百煉，別無他途。

【本章小結】

戰鬥精神是戰爭精神力量在軍人身上的集中體現，它是由軍人的信念、情感、意志和能力等濃縮昇華的一種戰爭力量。未來高科技戰爭，不僅僅是武器的對抗、智慧的碰撞，更是精神和意志的抗爭。和平年代的軍人，沒有槍林彈雨的考驗，沒有生死邊緣的掙扎，勇氣和意志的培養主要通過軍事訓練。軍事訓練不僅僅是提高身體素質和作戰技能，更是鍛造戰鬥精神的重要課堂。

那麼，應該通過怎樣的訓練來鍛造戰鬥精神呢？

實際上，戰鬥精神不是與生俱來的，它是一個磨礪、強化的逐步積累過程，在和平時期，它需要用科學、刻苦、持久的訓練來造就。首先訓練要具有實戰性，只有使訓練貼近實戰、貼近未來戰場，堅持打仗需要什麼就苦練

什麼，崗位需要什麼就練精什麼，才能激發直面困難、解決困難的勇氣；其次，要具有科學性，按照科學規律辦事，突破固有訓練理念，用創新推動部隊戰鬥力建設，靠嚴格管理、大膽實踐，適應資訊化、立體化、綜合化的戰爭新樣式；再次，要把「練為戰」的思想根植在骨髓裡，只有把訓練場當成硝煙彌漫的戰場，當成磨礪精神意志的最佳課堂，在汗與血的洗禮中，才能直面生死、砥礪血性，鍛造出錚錚鐵骨的熱血男兒。

參考文獻

1.　寇鐵 . 軍事訓練指導藝術 [M]. 北京：國防大學出版社，2001.

2.　俞存華 . 加快轉變陸軍戰鬥力生成模式研究叢書借鑒篇 [M]. 北京：軍事誼文出版社，
　　2011.

3.　袁勇，唐保東 . 伊拉克戰爭美軍臨戰訓練的特點及啟示 [J]. 國防大學學報，2003(12)：
　　74-76.

4.　戰前訓練（飛虎隊的故事）[EB/OL].2010-09-14.www.china.com.cn/culture/Zhuanti：
　　feihudui/2010-09/14/content-20930730.htm

5.　毛正公 . 搏擊海空：航空母艦作戰的經典戰例 [M]. 北京：海潮出版社，2013.

6.　馬駿 . 馬駿：晚清軍事揭秘 [M]. 北京：中央廣播電視大學出版社，2008.

7.　陳猛夫 . 外軍特種部隊軍事訓練研究 [M]. 北京：解放軍出版社，2010.

8.　郭定，楊俊超 . 軍事心理實驗與案例 [M]. 杭州：浙江教育出版社，2010.

9.　楊斌，馬令行，王文勝 . 軍事訓練案例與案例教學 [M]. 北京：軍事科學出版社，2005.

10.　徐占權 .「十六字訣」的形成及其歷史地位和作用 [J]. 軍事歷史，2011(2)：45-51.

11.　戴清民 . 戰爭新視點 [M]. 北京：解放軍出版社，2008.

12.　胡堅 . 中外將帥訓練藝術 [M]. 北京：海潮出版社，2006.

13.　同利軍 . 漢朝與匈奴戰爭述評 [J]. 軍事歷史，2009(1)：58-60.

14.　婁國才，嶽貴雲 . 世界著名聯合封鎖作戰點評 [M]. 北京：長征出版社，2011.

15.　趙建兵，喬鳳衛，任令欽 . 世界著名空降作戰點評 [M]. 北京：長征出版社，2011.

16.　周曉宇 . 軍事訓練研究 [M]. 北京：國防大學出版社，2014.

17.　張英辰，王樹林 . 中國近代軍事訓練史 [M]. 北京：軍事科學出版社，2010.

18.　梵古月 . 觀察美軍點與面 [M]. 北京：長征出版社，2013.

19.　郭慧志 . 鋒從磨礪出：美國陸軍戰術體制的發展歷程 [M]. 北京：航空工業出版社，
　　2014.

20.　邵偉 . 從中國冷兵器的演變看中國古代軍事體育的發展 [D]. 桂林：廣西師範大學，2007.

21.　袁新立，鄧濤 .AH-64「阿帕契」武裝直升機 [M]. 北京：航空工業出版社，2014.

22.　曲惠成 . 硝煙下的智勇之旅 [M]. 北京：軍事誼文出版社，2010.

23.　軍情視點 . 淬火精英——特種部隊魔鬼訓練實錄 [M]. 北京：化學工業出版社，2014.

24.　王廬生，陳海龍 . 基層部隊錘煉血性專題讀物 [M]. 北京：國防大學出版社，2014.

25. 文彥，貝勒.「快槍手」這樣練就 [J]. 中國少年兒童 (少年軍體世界)，2011(10)：18-19.

26. 劉衛華. 基層好聲音——部隊經常性工作新情況新對策百例解析 [M]. 鄭州：黃河出版社，2013.

27. 黃柏富. 古今中外典型戰例評析 [M]. 北京：軍事誼文出版社，2005.

28. 唐彥生. 戰爭秘聞 [M]. 北京：藍天出版社，1998.

29. 李俊亭，等. 導彈族・蘑菇雲・航天器：兵器的故事 [M]. 北京：金盾出版社，1997.

30. 丁星. 鐵軍精神研究：新四軍成立 70 周年紀念文集 [M]. 北京：軍事科學出版社，2007.

31. 孫建民. 中國古代軍事 [M]. 北京：中國國際廣播出版社，2010.

32. 李英. 世界軍事寶典 (上)[M]. 北京：新華出版社，2001.

33. 劉林. 軍中秘聞 [M]. 北京：解放軍文藝出版社，2001.

34. 李寶忠. 世界著名戰爭背後的秘聞 [M]. 廣州：世界圖書出版公司，2010.

35. 張瑞. 國防秘聞卷：白手托起蘑菇雲 [M]. 太原：北嶽文藝出版社，1998.

36. 中國人民革命軍事博物館編研處. 軍旗飄飄：彩圖版 [M]. 上海：上海教育出版社，2007.

37. 趙勇，王振泉. 資訊化條件下戰鬥精神培育 [M]. 北京：軍事科學出版社，2006.

38. 張雲，韓洪泉. 湘軍是怎樣練成的 [J]. 軍事史林，2008(11)：30-32.

39. 威廉・麥克雷文. 案例分析：特種作戰理論與實踐 [M]. 北京：軍事科學出版社，2014.

40. 汪聖楓. 美軍實戰內幕 [M]. 武漢：武漢大學出版社，2012.

41. 賈俊明，盛大志，李雷. 世界著名聯合火力打擊作戰點評 [M]. 北京：長征出版社，2012.

42. 朱平，諶永建，劉觀現. 陸軍戰術模組一體化作戰運用問題研究 [J]. 軍事運籌與系統工程，2008，22(4)：22-26.

國家圖書館出版品預行編目（CIP）資料

軍事演武：盤整古今中外知名戰役、部隊、訓練 / 賀朝陽, 張三 主編.
-- 第一版. -- 臺北市：崧燁文化, 2019.07
　　面；　公分
POD版

ISBN 978-957-681-895-0(平裝)

1.軍事教育 2.軍事訓練 3.中國

593.72　　　　　　　　　　　　　　　　　　　　　108011292

書　　名：軍事演武：盤整古今中外知名戰役、部隊、訓練

作　　者：賀朝陽，張三 主編

發 行 人：黃振庭

出 版 者：崧燁文化事業有限公司

發 行 者：崧燁文化事業有限公司

E - m a i l：sonbookservice@gmail.com

粉 絲 頁：　　　　　　網 址：

地　　址：台北市中正區重慶南路一段六十一號八樓 815 室

8F.-815, No.61, Sec. 1, Chongqing S. Rd., Zhongzheng

Dist., Taipei City 100, Taiwan (R.O.C.)

電　　話：(02)2370-3310 傳　真：(02) 2370-3210

總 經 銷：紅螞蟻圖書有限公司

地　　址：台北市內湖區舊宗路二段 121 巷 19 號

電　　話:02-2795-3656 傳真:02-2795-4100　　　網址：

印　　刷：京峯彩色印刷有限公司（京峰數位）

　　本書版權為西南師範大學出版社所有授權崧博出版事業股份有限公司獨家發行電子
書及繁體書繁體字版。若有其他相關權利及授權需求請與本公司聯繫。

定　　價：400 元

發行日期：2019 年 07 月第一版

◎ 本書以 POD 印製發行